# Le sexe
# expliqué à ma fille

Jean-Didier Vincent

# Le sexe expliqué à ma fille



Éditions du Seuil

ISBN 978-2-02-102166-0



www.seuil.com

# Avertissement

Parler des choses du sexe avec ma fille ne me serait jamais venu à l'esprit si l'on ne m'avait soumis ce projet : décrire à ma fille la physique de l'amour sans outrepasser les limites de la décence. Malgré les années passées à étudier le rôle du cerveau et des hormones dans la sexualité animale et en dépit d'une paillardise acquise dans les salles de garde, je conserve une timidité exquise et une réserve craintive à l'égard de cet « autre » au mystère impénétrable qu'est la femme pour l'homme. Conformiste de nature, je pensais que c'était aux mères d'expliquer à leurs filles tout ce qu'elles devaient savoir sur le sexe et sur les garçons, quitte à leur transmettre tous les clichés, sottises et fables qu'elles tenaient de leur mère et parfois aussi les impressions désastreuses venant de leur propre expérience du terrain. Après en avoir librement discuté avec Félicity, ma fille, nous avons accepté le projet à la condition toutefois que je prenne seul la responsabilité des propos et qu'elle ne soit engagée que par les questions. Il n'y aura donc pas de vrai dialogue socratique, mais le texte n'échappera pas à sa relecture. Je garderai pour moi ses commentaires facétieux qui eussent cependant rendu mon ouvrage moins indigeste. Pères qui me lirez, ne soyez pas avares de vos encouragements ! Vous savez (ou croyez savoir) ce que sont les filles à cet âge : des *teenagers* comme disent les Anglo-Saxons. Ma fille a 13 ans ; elle est donc une teenager débutante. L'influence de sa mère qui est à la fois anglaise et sexologue ne me met sûrement pas en position de « la ramener ». Je sollicite son indulgence pour mes improvisations.

## Le sexe en question

*– Je te rappelle que c'est toi qui as sollicité cet entretien. Je crains que tu ne fasses, selon ton habitude, les demandes et les réponses et que tu ne te départisses pas de ta condition de savant. Je te provoque, papa, mais essaye de ne pas me prendre pour une dinde. Il est vrai que mes amies, celles avec qui je partage mes loisirs, sont également intéressées par le sexe. Je ne suis pas encore réglée et la majorité d'entre elles ne l'est pas non plus. En fait, nous parlons entre nous de l'amour. Ce sont les garçons qui bavardent à propos du sexe. Je crois bien que leurs conversations portent presque exclusivement sur ça et sur le sport. Les filles sont l'unique objet de leur curiosité. Quand ils nous abordent, ils sont à la fois arrogants et timides – ce sont eux qui rougissent. Quelques filles ont déjà franchi le pas. Je n'ai pas eu droit à leurs confidences. Ce que je sais, je le tiens essentiellement de mon ordinateur sur lequel je passe une partie de mon temps libre à regarder des séries américaines ;* fuck, cock, pussy

*sont des mots qui me sont familiers et j'en connais la traduction française. Mais nous n'utilisons pas ces mots entre amies.*

– Je suppose que tu n'as jamais regardé de films pornographiques.

*– Une fois, sur Internet, avec une copine. Ça m'a dégoûtée. J'ai vu, en revanche, toutes les saisons de* Friends *que je repasse presque constamment dans ma chambre ou dans le train et aussi* Desperate Housewives. *J'en connais un rayon sur l'amour chez les jeunes Américains et les délires des vieilles de 40 ans aux États-Unis me font franchement rire.*

– Si je comprends bien, les films pornos et la masturbation sont réservés aux garçons.

*– Je ne vois pas ce que tu veux dire. Essaye plutôt de m'expliquer la différence entre le sexe et l'amour.*

– Qu'est-ce que le sexe ? Je ne vais pas t'infliger une nouvelle version du cours de SVT (Science de la Vie et de la Terre) que tu as reçu au collège. Tu connais déjà l'évolution des espèces, la sélection naturelle, les gènes et le génome. Le sexe est avant tout un phénomène simple dans son principe, qui consiste en la fusion de deux cellules et le « mélange » de leur génome. Ce phénomène est tellement répandu dans la nature que l'on peut penser qu'il a été plusieurs fois réinventé au cours de l'évolution. La reproduction asexuée dans le règne animal est rarissime, elle l'est à peine moins dans le règne végétal. Elle produit des êtres vivants tous identiques qui ne permettraient pas à la sélection naturelle de jouer son rôle si la rapidité des divisions et la fréquence des mutations ne compensaient ce défaut. Le sexe n'a pas de but avoué, mais il permet d'introduire dans les formes vivantes une diversité maximale, meilleur moyen d'échapper à l'extinction de l'espèce. Peu importe la force vitale, le désir animal et la volonté qui pousse un être vers l'autre ; la recherche du plaisir, par exemple, est peut-être chez les vertébrés supérieurs (oiseaux et mammifères) la cause immédiate qui a fait le succès du sexe et le triomphe évolutif des espèces. Le sexe est de l'ordre du biologique, il célèbre dans le plaisir partagé à deux le triomphe de la vie. Je te reparlerai plus tard de la biologie du sexe. L'acte sexuel se confond chez les humains avec l'amour. On dit qu'on *fait* l'amour ; en anglais, on parle d'une *love affair* qui signifie une affaire de sexe, une liaison. Chez l'humain, l'amour n'est guère différent physiquement de ce qu'on peut observer chez l'animal ; il s'enrichit, en revanche, de toutes les capacités psychiques et morales de l'espèce. L'animal fait l'amour mais n'en parle pas ; l'Homme vit l'amour et le raconte. Le discours amoureux est partie intégrante de l'acte sexuel, que celui-ci soit accompli dans la réalité ou rêvé. L'amour implique l'Homme corps et âme, mais cette dernière, selon moi qui suis un matérialiste, n'est pas de nature divine. Elle est pour chaque individu l'expression dans le cerveau de l'éprouvé du corps. Épicure dit à son propos qu'elle est le cri de la chair, fait de souffrance et de jouissance ; elle donne naissance aux émotions et aux sentiments qui conduisent nos actions. Nous sentons avant d'agir, guidés par la recherche du bonheur et l'évitement du malheur. Finalement, le sexe chez l'humain, c'est toujours peu ou prou une histoire d'amour et ce qui compte, c'est autant l'acte que les mots pour le dire.

*– Tu parles bien, papa, mais je ne suis pas sûre de t'avoir bien compris. Pourquoi ne m'expliques-tu pas tout simplement comment les hommes et les femmes font l'amour ? Pourquoi les gens sont tellement préoccupés de sexe, et pourquoi c'est embarrassant et donc difficile d'en parler, surtout quand il s'agit de soi ? Les journaux, les films tournent tous autour du même sujet : le sexe, le sexe, le sexe. Untel vient de quitter Unetelle, Madona a changé d'amant, Carla trompe François, etc.*

– Je n'ai pas de bonne réponse à te donner, sinon que les biologistes considèrent le sexe comme le premier des instincts, qui l'emporte sur tous les autres. L'hypocrisie et la censure viennent en partie, je pense, de la société et de l'éducation qui inculquent aux enfants, puis aux adultes, toutes sortes d'interdits leur empêchant l'accès au plaisir d'aimer. Elles sont aussi influencées par la religion, qui craint de perdre son pouvoir sur les âmes et sur les corps. Il subsiste encore quelques sociétés où le sexe est sans entraves et se fait au regard de tous.

*– Mon professeur de latin, qui passionne ses élèves car il sait les faire voyager au-delà des déclinaisons, nous a parlé de l'« art d'aimer ». Parle-moi de cet art, et d'abord est-ce vraiment un art ?*

– Sans aucun doute, avec toutefois la restriction que tous les pratiquants, hélas, ne sont pas des artistes ! Combien d'amants brutaux ou désordonnés sont confus dans leurs gestes. Ils ignorent les caresses et les régions sensibles du corps qui font naître le désir et la confiance chez le partenaire. Les plus mauvais amants sont à coup sûr les éjaculateurs précoces qui jouissent avant même d'avoir commencé l'acte sexuel proprement dit, laissant insatisfaite et abandonnée sur la rive du plaisir leur malheureuse partenaire. Triste façon de débuter une carrière amoureuse. Une fille très éprise, ou qui croit l'être, cachera sa déception et tentera de rassurer son pitoyable amant. Heureusement, il y a le plus souvent un état de grâce entre les deux jeunes qui supplée à leur manque d'expérience. Ou bien l'un des deux, plus savant (la fille ou le garçon), peut se faire discrètement l'instituteur de l'autre. Il y a donc des plus ou moins bons praticiens de l'amour. Telle fille sera empotée ou tel garçon ne sera pas « un bon coup ». Mais rassure-toi, tout le monde est capable d'aimer. C'est comme pour le dessin, il suffit d'apprendre. La masturbation est une bonne école. Elle ressemble au jeu d'un comédien répétant dans le silence de sa chambre une pièce à deux personnages, lui et son double imaginaire. Cette dernière pratique solitaire fait partie de l'apprentissage normal du sexe chez les jeunes gens au même titre que les premiers contacts avec l'autre. Il n'y a rien de mal dans la découverte du plaisir que peut procurer le corps lorsque le sujet en stimule certaines parties, celles que de méchants moralistes appellent *honteuses,* par ses propres caresses. Nous sommes là bien loin de préoccupation reproductrice. Ce qui est en jeu ici, c'est l'apprentissage du plaisir : le *plaisir solitaire*. Les jeunes animaux pratiquent toutes sortes de jeux sexuels et les petits singes se complaisent dans l'imitation des adultes qui s'accouplent devant eux. Ils s'avèrent d'ailleurs incapables d'un comportement sexuel adapté lorsqu'ils ont été élevés en l'absence de congénères. Les humains comme les singes ont besoin d'un apprentissage et de la présence d'un modèle pour construire leur sexualité. Le petit garçon présente, dès avant sa naissance, des érections périodiques de son « zizi », associées d'abord avec les phases de sommeil correspondant aux périodes de rêve, puis progressivement à tout un monde de sensations d'origine sexuelle. À l'âge de 4 ou 5 ans, l'enfant s'engage dans les premières répétitions de l'acte sexuel. L'école maternelle, pour autant qu'on ne la regarde pas avec des lunettes teintées de fausse innocence, apparaît comme un champ clos d'expérimentations qui se poursuivent à la maison avec les frères et sœurs. C'est le moment où l'enfant découvre que son corps est une source de plaisirs qu'il peut partager avec d'autres.

Tu es une femme, ou plutôt tu le seras bientôt, quand tes premières règles viendront signaler ta première ovulation. Déjà dans tout ton corps tu as senti les transformations qui feront bientôt de toi un objet de désir pour les garçons. Tu ne diffères pas en cela des animaux chez qui la maturité sexuelle se manifeste au niveau des apparences grâce à des transformations facilement identifiables par les éventuels partenaires sexuels : le pelage devient luisant, les yeux s'éclairent de lueurs diaphanes, les bois poussent sur le front et les parties génitales bien visibles éclatent en feu d'artifice. Ne t'inquiète pas, tu deviendras bientôt une jeune fille en fleur autour de laquelle les mâles viendront bourdonner. Ne te moque surtout pas d'eux. C'est vrai qu'ils sont le plus souvent ridicules, car ils sont aussi embarrassés que toi ; l'un d'eux, peut-être déjà, t'apparaîtra différent et tu ne verras pas les boutons d'acné sur son visage. Il te prendra maladroitement la main ; tu te croiras obligée de la retirer et peut-être essaiera-t-il de t'embrasser.

– *Bon ! Qu'est-ce qui se passe lorsqu'un garçon fait l'amour à une fille ?*

– D'abord, je te reproche de dire « lorsqu'un garçon fait l'amour à une fille ». Pourquoi pas « une fille fait l'amour à un garçon » ? Le propre de l'amour, c'est de le faire ensemble ; même si le jeu est parfois un peu compliqué, le garçon et la fille sont impliqués au même titre. Sinon, cela s'appelle du viol et ce n'est plus de l'amour. Ce que je souhaite te montrer, avant de nous intéresser à l'homme et à la femme, c'est que l'acte d'aimer est avant tout l'expression de la vie dans ce qu'elle a de plus universel. Ta joie ne sera pas complète, même si elle n'est pas destinée à durer, si tu n'éprouves pas au moment de l'amour un profond sentiment de communion avec le vivant. Les jeux de l'amour, préliminaires, caresses, fuites, provocations, ne sont nullement particuliers à l'espèce humaine. Dans leurs échanges galants, avec leur beau langage de cour, les marquis et marquises, soubrettes et valets ne sont en réalité que griffes et morsures, feulements et miaulements. Dans toutes les branches de l'éventail animal, le mâle est le même, la femelle est la même. C'est toujours la même figure qui réalise le mécanisme intime de l'union de l'ovule (l'œuf) et de l'animalcule (le nom ancien du spermatozoïde) : une forteresse vers laquelle *amans volat currit et laetatur* (comme dit *L'Imitation de Jésus-Christ*). Tu comprends, toi qui es latiniste. C'est une bonne métaphore : il faut que l'assiégeant entre dans la forteresse ; il emploie la violence quelquefois, la douce violence, le plus souvent, la ruse, la caresse. Ces gestes de tendresse, ces mouvements gracieux de la main qui effleurent la peau, nous les faisons nécessairement, non parce que nous sommes des Hommes, mais parce que nous sommes des animaux. On décrit souvent la vie animale comme appartenant à un monde de violence et de cruauté. Mais, l'animal n'est pas plus méchant que l'Homme, et il est infiniment plus caressant. Regarde un chat qui t'aime : c'est lui qui t'a appris à promener ta main sur son dos et son ventre, à gratter ses oreilles et son cou, en bref à guider ta main par ses ronrons. Le baiser non plus n'est pas le propre de l'Homme. Les oiseaux les plus voraces comme les rapaces ou les plus paisibles comme les colombes ne commencent jamais l'accouplement sans d'inépuisables séries de bécots. Puisque nous en sommes au baiser, il t'appartiendra de faire la part entre le baiser de tendresse que tu échanges avec tes parents, baisers qui débordent d'affection et sans arrière-pensée, baisers qui t'enveloppent d'une douce sécurité, et le baiser amoureux, notamment « le premier baiser », plein d'incertitude, de maladresse, soucieux de comment il va se terminer. Il est parfois précédé de bises discrètes, insignifiantes, sur les joues ou le cou, ou s'adresse directement aux lèvres, porte entrebâillée du corps de l'autre. Il n'y a pas de doute là-dessus, on n'est plus dans les préliminaires, c'est le premier acte sexuel : une pénétration du corps qui, si elle n'est pas sans lendemain, peut en annoncer d'autres. Lors du premier baiser, la langue est souvent un meuble bien embarrassant : faut-il l'introduire dans la bouche de l'autre ? Les deux langues se bousculent ; mais bientôt elles se caressent et dansent gracieusement dans les deux palais qui ne forment plus qu'un. Un premier baiser n'engage à rien. Autrefois, quand régnait chez les filles (un peu moins chez les garçons) un obscurantisme souvent entretenu par la religion et une pudeur embarrassée des parents, il arrivait que la jeune fille ignorante et sous le coup de la violente émotion ressentie se croie enceinte après un baiser amoureux.

Je ne pense pas qu'il existe encore dans les collèges une seule jeune fille qui croie que les enfants se font par la bouche. En revanche, le baiser est un acte sexuel fort, l'équivalent oral du coït génital. Il correspond à une pénétration réciproque des deux partenaires qui vient sceller le face-à-face de deux êtres dont les intérieurs se fondent en un seul être. Il est en revanche important de savoir gérer la suite d'un premier baiser. Raté, il peut être sans lendemain et l'amour remis à une autre fois. Réussi et renouvelé, il donne suite à de nouveaux préliminaires plus hardis et à des attouchements précis. Trop tôt, trop vite ne sera pas une garantie de réussite et de long terme. Je ne le répéterai jamais assez, l'amour s'apprend. La fille en cela est meilleure institutrice que le garçon et attend de celui-ci autre chose que ce qu'il veut lui donner, c'est-à-dire son petit échantillon de semence. La fille voit plus loin son intérêt : à 15 ans, elle ne rêve pas d'avoir un bébé, mais veut un amoureux qui soit aux petits soins pour elle, sans faire obstacle à ses études et à une carrière qui se devra d'être du moins l'égale de celles promises aux garçons.

*– Te décideras-tu, enfin, à m'expliquer ce qu'est l'acte sexuel proprement dit, ce que tout à l'heure tu as appelé coït ? Peut-être vas-tu essayer de laisser de côté les descriptions animales dont tu te régales ? Je me souviens de ton plaisir quand, en visite à l'aquarium d'Arcachon, tu commentais pour nous l'accouplement des raies : le mâle de la raie saisit la femelle, la retourne et se colle sur elle ventre à*

*ventre, la retient par ses crochets et réalise l'accouplement en léchant sa semence. Tu avais ajouté qu'il n'y a que les raies et les humains qui s'accouplent face à face, avec une exception toutefois, les fameux chimpanzés bonobos.*

– En effet, les bonobos, si proches de l'Homme, sont doués d'une intelligence exceptionnelle. À la différence des autres grands singes, souvent agressifs et batailleurs, ils sont d'un tempérament doux et la plupart de leurs conflits se résolvent dans des embrassements et des cajoleries en tout genre. L'accouplement de face est fréquent chez ces singes, parmi une variété étonnante de postures que pourrait envier l'Homme et différentes modalités de pénétration qui n'ont d'autre but que de faire croître leur désir et conduire à toujours plus de plaisir. Je me limite à te dire que la position la plus naturelle chez l'Homme se résume en général à un face-à-face, ventre contre ventre, en situation allongée. Elle assure le contact le plus étroit entre les deux corps, l'échange de regards, meilleur moyen de pénétrer l'intériorité de l'autre. Elle souligne ce trait fondamental de l'espèce humaine : le besoin de l'autre, de le connaître et de le comprendre ; pénétration réciproque de deux âmes qui donnent son humanité à la pénétration du sexe masculin dans le sexe féminin. Ça tombe bien du point de vue adaptatif, car la copulation ventro-ventrale est celle qui favorise au mieux la fécondation. J'ajoute que cette position fournit le maximum d'interactions visuelles et cutanées et facilite la survenue de l'orgasme chez les partenaires.

*– J'ai du mal à imaginer que l'on puisse faire du frotti-frotta ventral avec quelqu'un qu'on ne connaît presque pas.*

– C'est le « miracle de l'amour » ! En fait, cela n'a rien de miraculeux. Le désir, c'est-à-dire cette force qui te pousse vers l'autre, arrange bien des choses. L'amour est aveugle, dit-on. Que nenni, mais il ne voit que ce qu'il veut voir. Celui sur lequel ton choix va se porter est déjà préconçu dans les circuits nerveux de ton cerveau et le garçon sur lequel ton choix inconscient va se fixer deviendra assez vite (pas trop vite !) ton amoureux pour peu qu'il y mette du sien. Il n'y a pas d'amour qui ne soit partagé, tout au moins au début. Votre histoire d'amour commence. Premier amour, premier baiser, maladroit et inoubliable, avec de longues promenades, des caresses quand l'obscurité s'y prête. Il est rare que les premières fois durent longtemps. Il est rare que ces jeux incertains se terminent par un passage à l'acte sexuel. Celui-ci viendra bien assez tôt avec son cortège de joies et de tourments. La jeune fille est alors la douce victime de ce que l'on appelle un coup de foudre. En fait, celui-ci ne frappe généralement que des sujets entraînés. Les fois précédentes, plus ou moins réussies, ont *sensibilisé* les systèmes désirants du cerveau dont la réponse aux stimulations extérieures est amplifiée : sensations de tout ordre, tactile, baisers, caresses sonores (ah ! le son d'une voix qui dit « je t'aime »), olfactives (des phéromones peut-être ou simplement un parfum d'enfance), visuelles (ton amoureux pourrait avoir le visage de ce frère que tu n'as pas eu, car il te ressemble parfois), la symétrie du visage apparaît aussi comme le comble de la beauté, et enfin, les quelques phrases échangées, simples mots qui sont comme des chants d'amour.

*– N'en jette plus, papa, sinon je ne vais plus pouvoir attendre.*

# L'acte sexuel

– Retombons sur terre. Je vais essayer de te décrire maintenant l'acte sexuel lui-même. Tout a donc commencé par les préliminaires, les caresses partagées, souvent très intimes et la sollicitation des parties sexuelles externes comme les seins, le clitoris, le pénis. Toutes ces régions du corps doivent être caressées et même embrassées. Le clitoris est une partie de son corps que la jeune fille connaît bien. Elle a joué avec lui dans l'isolement de la salle de bains. Elle y a pris du plaisir. La méconnaissance par le garçon des parties génitales de la femme est souvent abyssale, comme s'il avait peur d'y toucher et que le clitoris restait un objet mystérieux, soigneusement enfoui dans un capuchon qu'il n'ose pas soulever. Il va se précipiter sur une entrée du vagin qu'il aura dans son impatience des difficultés à trouver. J'ajoute que ce pénis dont il est si fier aura parfois du mal à se raidir et à se dresser tant il est ému. L'animal est craintif, il doit être amadoué. C'est le rôle d'une bonne amante. Vient enfin la pénétration ; les caresses préliminaires ont entraîné des sécrétions au niveau de la vulve au centre de laquelle se trouve l'entrée du vagin. C'est très beau un sexe de femme avec son mont de Vénus qui surplombe la vallée bordée par les grandes et petites lèvres d'un rose humide et chatoyant.

*– Eh papa, tu t'y crois ou quoi ?*

– Pardonne-moi cette dérive poétique. Mon éditeur m'a demandé d'éviter le langage médical. Une fois la verge en érection et laissant s'écouler quelques gouttes d'un liquide visqueux, celle-ci va chercher à pénétrer le vagin. Toutes ces sécrétions au niveau du pénis et de la vulve (on dit que les amants « mouillent ») vont favoriser la pénétration, tandis que la femme écarte les cuisses. Suivent alors des mouvements de va-et-vient de la verge que la femme accompagne spontanément d'une douce ondulation rythmique du bassin doublé parfois de vocalises. Chez le garçon, à la phase de tumescence succède l'orgasme marqué par des secousses de la verge et des spasmes d'intensité croissante qui s'achèvent par l'éjaculation du sperme. Chez la femme, l'activité du vagin suit à peu près le même déroulement avec des ondes contractiles qui se propagent du dôme utérin vers le col. Au paroxysme du plaisir, le rythme respiratoire dépasse parfois 30 par minute et le pouls peut atteindre 120 à 140 battements par minute. L'intensité de l'orgasme est plus importante chez la femme avec un pic de tension artérielle maximale pouvant s'élever au-dessus des 20 centimètres de mercure. Chez l'homme, on identifie à tort l'orgasme à l'éjaculation (c'est-à-dire l'émission de sperme). Cette dernière peut se produire sans érection ; il y a des éjaculations sans orgasme et vice versa. L'orgasme naît dans le cerveau, qui gère le plaisir et orchestre ces manifestations organiques. Une puissante analgésie bloque partiellement le caractère douloureux des violentes stimulations mécaniques que s'imposent les sexes conjugués ; elle fait taire la souffrance pour que la jouissance puisse s'exprimer librement. Foin des descriptions savantes des sexologues, l'homme et la femme sont, pendant un court moment, confondus à l'intérieur d'un mystérieux état intérieur. Même si jamais l'amante ne pourra éprouver totalement dans son propre corps la jouissance de l'amant et jamais celui-ci ne saura dire le plaisir de l'aimée, il s'agit bien entre ces deux êtres d'une authentique compassion. Il me semble qu'aucune bête au monde n'est capable de jouir de la sorte. C'est la jouissance à l'état pur qui transcende la joie et la douleur. La légende de Tirésias nous indique que faire l'amour est le plaisir des dieux. Appelé à trancher le différend qui divise le couple royal, Zeus et Héra, sur le degré de jouissance atteint par l'un et l'autre sexe, le devin Tirésias provoque la colère d'Héra en révélant que le corps de la femme éprouve neuf fois plus de plaisir que celui de l'homme dans le commerce amoureux. La déesse le condamne à passer alternativement par les deux sexes pour le punir. Après l'explosion de l'extase survient la phase de résolution – quelques minutes chez l'homme, plus longue chez la femme. La tension artérielle, le rythme cardiaque et la respiration redeviennent normaux. L'essoufflement postorgasmique fait encore dilater les narines, cette reprise des esprits marque la fin de l'ivresse sensorielle. Les glandes salivaires tarissent, la bouche devient sèche, les yeux sont au contraire mouillés (les pleurs de joie). Fin de l'acte. Mais le coït, tu commences à le comprendre, ne résume pas la sexualité de l'Homme, ni celle des animaux.

– *Ce que tu racontes m'inquiète et me fascine.*

– Je devais t'en parler, puisque le sexe est une réalité dont tu ne peux t'abstraire. Mais l'Homme dans son aboutissement a acquis la possibilité d'être sexuel bien au-delà de ses organes. La jouissance mystique ou celle qui accompagne, par exemple, une découverte mathématique sont, à ce qu'on dit, de véritables orgasmes. Une hormone est sécrétée dans le cerveau lors de l'orgasme, l'ocytocine ; elle est présente également lors de l'accouchement et de l'allaitement des bébés. Elle serait responsable du lien qui unit les petits à leur mère. Cette hormone a un effet amplificateur sur la dopamine qui est le véritable maître d'œuvre du désir et des émotions plaisantes ou déplaisantes qui l'accompagnent. Un certain nombre de femmes n'ont pas d'orgasmes et n'osent pas le dire ; elles simulent l'orgasme pour faire plaisir à leur amant. Cela ne les prive pas d'accès à l'amour et au plaisir. Il y a bien des façons pour un homme ou une femme de s'accommoder de la chimie de son cerveau : on fait bien de l'excellente mayonnaise sans œuf. Je t'expliquerai un peu plus tard ce qui se passe dans un cerveau amoureux.

*– Quelle attitude adopter lorsque la fille a succombé à l'invitation pressante du garçon ?*

– La première fois que tu verras un garçon bander ou que tu percevras son érection à travers ses vêtements, cela ne devrait pas t'effrayer, mais au contraire te rassurer ; car c'est un signe qu'il te désire. Je ne dis pas qu'il t'aime ; encore que comme tu l'as vu, la nuance entre sexe et amour est bien difficile à faire. Le garçon est juste un humain comme toi et peut être aussi inexpérimenté que toi. En même temps, tu dois rester sur la réserve – un peu de coquetterie n'est pas de trop. Une rate en chaleur mise en présence d'un mâle très attractif commence par partir en flèche et s'enfuir dans un coin de la cage où discrètement elle soulève l'arrière-train pour offrir son sexe à la pénétration de son rat. Ton amoureux se posera peut-être des questions différentes des tiennes, mais prends garde à ce que ses préjugés ne soient pas les mêmes que les tiens. Avec un peu de bonne volonté, vous arriverez finalement au coït avec pour toi une épreuve supplémentaire qui est la déchirure de l'hymen, la membrane qui obstrue partiellement les voies sexuelles. C'est à la fois douloureux et saignant. La tendresse, la gentillesse, la douceur timide de ton partenaire prolongeront peut-être la chose, mais te feront aussi, un peu plus tard, crier de bonheur dans la joie d'être devenue femme. Je ne te souhaite pas d'offrir ta virginité à un adulte blasé et expert en « dépucelage ». Il faut faire confiance à l'amour nouveau-né et éviter autant que possible son aspect grimaçant et lubrique.

*– Bien parlé, papa. Mais, la suite ? J'imagine que je ne suis plus vierge, mais ne suis pas sûre d'être vraiment devenue femme par un coup de baguette magique.*

– Le lendemain dépend de ce qui s'est passé avant. Lorsque tu auras eu tes premières règles, maman t'aura sûrement amenée consulter un gynécologue, une femme le plus souvent. Elle saura te rassurer et te donner des conseils utiles et éventuellement te prescrire une pilule, si ton activité sexuelle l'exige. À l'âge que tu as, ta puberté est loin d'être achevée. Rien ne presse, car tu n'auras sûrement pas de rapports sexuels avant que tes règles apparaissent signifiant la fin de la puberté. Elles ont souvent au début un caractère très irrégulier, une raison de plus pour faire attention. L'idéal est que ton amoureux s'équipe d'un préservatif (ou capote). Ce n'est pas très romantique et ne fera qu'ajouter à vos maladresses de débutants… En l'absence de préservatif et si tu prends la pilule, les risques de *tomber enceinte* sont moins grands. Sans précaution, tu devras essayer de garder assez de sang-froid pour que ton cavalier se retire de toi avant d'éjaculer – *coïtus reservatus* disent les curés. C'est frustrant et peu fiable. Envisageons maintenant le scénario catastrophe : tes règles ne reviennent pas. Tu ne t'affoles pas et tu en parles impérativement à maman. Il existe des tests de grossesse très sûrs à faire à la maison. S'il s'avère que tu es enceinte, maman sera ta meilleure conseillère. Elle a sûrement déjà personnellement connu cette situation. Ne fais surtout pas confiance à tes camarades de classe. Un seul impératif : ne pas attendre ; prise au tout début, l'implantation de l'œuf n'est pas encore faite et les choses peuvent rapidement rentrer dans l'ordre avec un traitement médical. Le temps qui passe vite aggrave la situation. Le fœtus est maintenant dans son nid et il faudra l'en déloger chirurgicalement. C'est une épreuve très dure pour une femme. Ne te mets surtout pas dans la tête qu'un avortement est une simple formalité. Revenons maintenant à la suite du premier acte sexuel complet. Ou bien l'enchantement se prolonge et tu commences à vivre une histoire d'amour qui va peu à peu envahir ta vie scolaire ou universitaire. Tout se passe maintenant dans ton cerveau, c'est à lui qu'appartient d'apprécier la situation, de faire des choix. Les conseils que je pourrais te donner aujourd'hui sont prématurés. Les conditions dans lesquelles tu vivras, le comportement de ton ami, le souci que tu auras de réussir ta vie te permettront de faire le bon choix. Je l'espère ! Ou bien, le premier essai sera sans lendemain ; plusieurs mois, plus d'une année peut-être passeront avant que tu vives une nouvelle aventure amoureuse. Je ne te souhaite pas de devenir une collectionneuse d'amants – cela témoigne souvent d'une certaine instabilité émotionnelle. Mais le flirt n'est pas interdit, il permet de connaître les hommes sans trop s'engager.

*– Autrement dit, tu me conseilles d'être une « allumeuse » comme on appelle ces filles qui sautent d'un mec à l'autre, sans rien leur accorder.*

– D'où tiens-tu cette science ?

*– Du feuilleton américain* Friends *qui est ma série télévisée favorite.*

– Comme tu le sais, les séries américaines que tu regardes ne sont pas ma tasse de thé. Je préfère revenir au cerveau de l'amour qui est un des domaines où s'exerce ma science. Cela ne te servira pas à grand-chose, mais me permettra de retrouver mon prestige de savant sans risque de te donner de mauvais conseils, car un homme, serait-il le plus avancé des chercheurs, ne saura jamais ce qui se passe dans le cerveau d'une femme.

# Le cerveau de l'amour

*– Si je t'ai bien compris, c'est dans le cerveau que tout se passe.*

– C'est effectivement dans cet organe que sont regroupées toutes les commandes qui concernent la sexualité de l'animal ou de l'Homme ; elles intéressent aussi bien l'appareil sexuel mâle (pénis et testicules) que l'appareil femelle externe et interne (les ovaires nichés dans les profondeurs du ventre), sans compter le désir, le choix du partenaire et l'acte sexuel lui-même dans son déroulement complet. Dans le sexe, c'est toujours le cerveau qui est à la manœuvre et non le cœur. Quand ton amoureux gravera vos deux noms sur l'écorce d'un arbre, ce n'est pas un cœur percé de la flèche de Cupidon qu'il devrait dessiner, mais un cerveau. C'est d'ailleurs presque aussi facile à faire. Tout se passe dans la partie basse du cerveau, une région en forme d'entonnoir qu'on appelle l'hypothalamus ; elle a à peu près la taille d'un ongle et rassemble en son sein les centres de commandes de la plupart des grandes fonctions du corps : la reproduction, la régulation de la prise alimentaire et de la soif, le contrôle du poids, le maintien constant de la température de l'organisme, le sommeil. Elle est de plus traversée par les voies nerveuses du plaisir et de la souffrance, les systèmes qui font naître le désir et l'entretiennent. Bref, dans cette « cave » du cerveau se trouve tout ce qui est nécessaire à l'entretien de la vie. Cet hypothalamus n'est pas seulement l'espace étroit où s'entassent les centres nerveux de ces fameuses fonctions, il est aussi une glande qui déverse ses produits des sécrétions dans la circulation sanguine destinée à irriguer l'hypophyse ; glande importante, puisqu'elle commande toutes les autres grâce à ses stimulines. L'hypothalamus sécrète notamment la lulibérine qui gouverne deux gonadostimulines hypophysaires (LH et FSH). Celles-ci à leur tour dirigent la sécrétion des hormones sexuelles. Cette cascade de commandements rappelle l'armée, avec le général hypothalamus, les officiers hypophysaires et les soldats gonadiques. En retour, ces hormones agissent sur leurs cellules émettrices pour les freiner ou pour les stimuler ; ce que l'on appelle des rétroactions *(ou feedbacks)*. Il est, bien sûr, inutile que tu retiennes tous ces noms, sauf pour passer tes examens, mais j'ajoute : l'amour n'est pas un examen !

*– Papa, je nage un peu ; il suffirait d'un bon schéma et de quelques flèches dirigées dans les deux sens cerveau-glandes et glandes-cerveau au tableau pour que cela apparaisse plus clair.*

– Peu importe ! On va s'en passer. La lulibérine est sécrétée par l'hypothalamus de façon périodique : une giclée toutes les 80 à 90 minutes. L'hypothalamus est comme un chef d'orchestre qui bat la mesure : *gic-gic*, au rythme d'une giclée toutes les 90 minutes. Pendant l'enfance jusqu'à 10-14 ans, ces giclées sont faibles et les hormones sexuelles restent à un taux bas dans le sang. Le sexe est en sommeil, malgré quelques réveils sporadiques qui témoignent que l'enfant conserve une sexualité pendant cette longue période. Or, voici que soudain, le chef d'orchestre hypothalamique amplifie les battues et accélère le rythme. En réponse, les gonades sécrètent leurs hormones et c'est alors la puberté avec le duo œstradiol-progestérone chez la fille qui doit affronter ses premières règles avec cette question angoissante : pourquoi mon sexe saigne-t-il ? C'est en réalité, un bouleversement circulatoire local lié à la chute hormonale en fin de cycle. Chez le garçon, c'est aussi la révolution pubertaire qui vient brutalement avec ses érections et ses éjaculations spontanées (pollutions nocturnes qui dessinent des sortes de cartes de géographie sur les draps). Il change de voix et ne pense plus qu'à ce désir qui lui fouaille le corps. Je ne parlerai pas de ce qui se passe dans sa tête de jeune mâle. Mais ce n'est pas toujours drôle et doit t'inciter à la compassion.

*– Mais quel est le signal qui déclenche la tempête hormonale ?*

– On sait aujourd'hui que c'est une molécule peptidique (une petite protéine), le kiss-peptide qui déclenche le rythme accéléré de la lulibérine.

*– Un vrai scherzo alors ? D'accord pour le kiss-peptide (quel drôle de nom), mais qu'est-ce qui déclenche la sécrétion de ton kiss-peptide ?*

– Toujours la question des causes. Il semble que ce soit une hormone du corps sécrétée par les cellules graisseuses, la leptine. Cela explique que l'âge de la puberté soit relié à la masse graisseuse. Tu observeras au collège que tes camarades un peu enveloppées ont été réglées plus tôt.

*– Et les garçons ?*

– On est moins bien renseigné, mais ce sont sûrement des facteurs environnementaux et comportementaux qui sont en cause.

*– Je suppose qu'il y a dans l'hypothalamus des centres réservés au sexe comme il y en a pour le sommeil, la température du corps, la faim et la soif ?*

– Bien sûr. Ce sont les endroits du cerveau où se joue la musique du désir sexuel. Ils sont placés autour et en avant du troisième ventricule, espace occupé par du liquide au centre du cerveau qui communique avec les deux ventricules latéraux situés dans chaque hémisphère : un vaste réseau de pièces d'eau qui permet la diffusion de toutes sortes de substances, de sels et d'hormones, au cœur du cerveau. Ou si tu préfères, les cascades, les étangs et les canaux dans le jardin des passions ; histoire de faire un peu d'anatomie poétique. Je te rappelle que cette fameuse région du cerveau, comme tu la qualifies en te moquant de moi, est aussi l'endroit qui nous sert à manger, à boire et à dormir, autant d'activités qui d'ailleurs ne sont pas étrangères au sexe. Je ne rentrerai pas dans le détail, mais il est important que tu saches que les centres (droit et gauche) du comportement mâle coexistent avec les centres du comportement femelle dans les cerveaux des deux sexes. L'aire antéro-dorsale située en avant de l'hypothalamus joue un rôle dans le comportement mâle. Ce centre reçoit des informations en provenance de toutes les modalités sensorielles ; il intègre les impressions qui concourent à entretenir le feu du désir et à déclencher la phase précopulatoire pour peu qu'une femelle en état de réceptivité ou une femme consentante soit à portée de pénis. Il assure ensuite la poursuite de l'acte proprement dit. Tous ces faits sont attestés par les expériences de destruction de cette zone ou de sa stimulation électrique chez le rat. La dopamine est le neuromédiateur principal impliqué dans l'activation du centre. C'est une dopamine spécialisée dans le sexe qui vient de neurones situés au voisinage du centre mâle. Elle est différente de la dopamine impliquée dans les systèmes désirants qui parcourent la base du cerveau et irrigue le cortex cérébral. Ce système dopaminergique impliqué spécifiquement dans le sexe explique que le plaisir sexuel fasse relativement bande à part parmi ses compagnons de plaisir. Une des raisons de cette indépendance pourrait être le rôle majeur du plaisir sexuel dans l'évolution des espèces et la nécessité que celui-ci soit protégé grâce à un régime spécial. Le centre n'agit pas seul, mais en étroite relation avec les régions qui contrôlent la motricité et notamment les postures sexuelles ; sont également concernées les zones qui interviennent dans la mémoire – aimer chez l'Homme, c'est souvent se souvenir – et les émotions. En bref, tout ce qui donne un sens à l'amour au-delà de la simple nécessité pour l'espèce de se reproduire. Le centre a aussi des connexions spéciales avec l'odorat dont le rôle est essentiel dans la rencontre amoureuse. La région ventrale et médiane de l'hypothalamus est impliquée dans le comportement sexuel femelle, mais de façon non exclusive. Elle participe également au contrôle du comportement alimentaire et, d'une façon plus générale, à l'aspect négatif et douloureux des conduites animales. L'introduction d'œstradiol dans cette structure chez une femelle castrée corrige la perte du comportement sexuel qui a suivi l'ablation des ovaires. Mais il faut signaler que l'implantation d'œstradiol dans ce noyau chez un rat mâle castré entraîne chez celui-ci l'adoption d'une posture sexuelle femelle (lordose) et l'acceptation des hommages de partenaires du même sexe ! Il faut aussi compter avec les endorphines en charge de s'opposer à la douleur occasionnée chez la femelle par l'acte sexuel. Quelle est la contribution respective de ces deux structures dans la sexualité de l'adulte ? Leur mission essentielle est de contrôler la part mécanique de l'acte sexuel déclenchée au niveau de la moelle épinière par les stimulations génitales. Ces dernières, soumises à l'influence directe des hormones sexuelles (rut ou chaleur) suffisent à enclencher le déroulement de l'acte sexuel chez une femelle. Tu as pu l'observer chez ta chatte, qui n'a besoin pour se mettre en position quand elle est en période réceptive, que du simple contact d'un objet neutre avec les régions sexuelles. Un tel contact provoque, en revanche, une riposte agressive en dehors de cette période. Chez l'humain, nous n'en sommes pas là. Les régions génitales sont sous un contrôle sévère du cerveau. Le désir sexuel est dans la tête, pas dans le bas-ventre. C'est dans les deux régions mâle et femelle de l'hypothalamus que se fait l'intégration des sensations, des gestes d'amour, des émotions, de l'anxiété aussi, qui vont déclencher ou inhiber l'acte sexuel proprement dit. Comme tu le vois, le masculin et le féminin coexistent dans le cerveau et dans toute la vie de l'humain. On peut imaginer à titre d'hypothèse que les deux structures forment les plateaux d'une balance dont le fléau indiquerait l'orientation sexuelle de l'individu, autant dire l'attrait pour un partenaire mâle ou femelle : être hétéro ou homosexuel, rien ne paraît joué d'avance. Je dirai que je préférerais que tu penches pour le versant hétéro si je souhaite avoir des petits-enfants mais que la seule chose qui compte pour moi est ton bonheur. La voie homo n'est pas toujours facile, elle est souvent un lieu de souffrance, car la société est loin d'avoir autant progressé en matière de tolérance qu'on le prétend. J'y reviendrai.

## Les pratiques du sexe

– En règle générale, le sexe se fait à deux, un mâle et une femelle. C'est toujours le cas chez les oiseaux et les mammifères. L'humain, qui possède une imagination fertile, produit ce qu'on appelle des fantasmes, c'est-à-dire des images mentales d'actes sexuels souvent bizarres qui alimentent son désir. Il s'excite alors tout seul ou avec un(e) partenaire qui partage ses goûts. J'ai déjà parlé du plaisir solitaire, qui n'est pas l'apanage des adolescents. Il persiste chez des adultes amoureux de leur propre corps, comme Narcisse dans la légende grecque. Le sexe se pratique aussi à plusieurs dans ce qu'on appelle les « partouzes » entre adultes consentants. Le sexe peut devenir une marchandise et faire l'objet d'un commerce dans lequel la femme ou le garçon vendent leur corps à des passants racolés sur le trottoir. Je ne pense pas que cet aspect sordide de la sexualité puisse intéresser ta curiosité. Quelles que soient ces débauches sexuelles, tu dois éviter de confondre l'amour et le commerce, même si le premier débouche parfois sur le second. Je te parlerai un peu plus tard des perversions sexuelles qui mènent en prison. Chez certains reptiles, l'existence des deux sexes a disparu lors de l'évolution. Le sexe de l'embryon est alors déterminé par la température d'incubation de l'œuf. Chez d'autres espèces, notamment les poissons, le sexe dépend de l'environnement social. Des animaux sont *hermaphrodites* et possèdent à la fois des testicules et des ovaires : ils seront tantôt mâles, tantôt femelles, mais auront toujours recours à l'autre pour accomplir la fécondation. Ainsi, les femelles du lézard fouette-queue, qui ont réussi à s'affranchir des mâles, continuent de s'accoupler entre elles. Même pour les animaux qui ont renoncé à la reproduction sexuée, l'intervention de « l'Autre » demeure nécessaire. Je ne te parlerai pas des êtres vivants unicellulaires, les bactéries et les protozoaires qui se reproduisent généralement par division. Un sexe primitif peut apparaître dans certains cas : la cellule forme avec sa membrane une sorte de pénis qu'elle plante dans l'intérieur d'une autre cellule pour lui injecter ses gènes. C'est un grand avantage ; il a fait le succès du sexe chez les êtres vivants en facilitant la réparation du génome et en introduisant des gènes qui favorisent la reproduction.

*– Ma petite enfance, et ma scolarité jusqu'à la sixième, se sont déroulées dans un village de campagne. J'ai pu ainsi connaître les animaux de ferme et beaucoup d'animaux domestiques, des chats et des chiens, aussi libres que je l'étais et dont je me suis fait*

*parfois des amis. Quand venait la saison des amours, je les ai vus faire la « bête à deux dos », comme disait le voisin qui les chassait avec un bâton. Je m'étonnais qu'on puisse parler d'amour devant cette pantomime grotesque. Après ta description de l'acte sexuel, je me demande ce qui se passe dans le corps de deux êtres humains étrangers l'un à l'autre pour que leurs corps se mélangent en oubliant la pudeur qu'on leur a enseignée depuis qu'ils étaient petits.*

– Alors intervient la force du désir, qui bouscule tout sur son passage. Exactement comme chez les animaux qui sont nos cousins souvent très éloignés dans l'évolution. Quoi, en fait, de plus différent de l'humain qu'un rat ou un cochon ? Et cependant, ce sont les mêmes substances chimiques, les mêmes organes et les mêmes gènes qui sont à l'œuvre dans ce que j'appellerai la physique de l'amour. C'est la vie qui se manifeste, cette vie qui n'a d'autre dessein avoué que la reproduction. Nos délicatesses, nos pudeurs protestent vainement. L'Homme et le plus dégoûtant des parasites sont les produits d'un même mécanisme sexuel.

*– À t'écouter, on a l'impression que la seule chose qui compte dans la vie des animaux, c'est la reproduction. Est-ce vrai également chez les humains ? Il me semble que non, tant je vois autour de moi des femmes et des hommes sans enfants.*

– Ton observation est juste, mais tu te places du point de vue de quelqu'un qui vit dans la France d'aujourd'hui où règne une mentalité qui sépare nettement sexe et fonctions reproductrices. Cela n'a pas toujours été le cas et il existe certaines régions du globe où il est encore mal vu d'être une femme sans enfants. Si l'on s'en tient à l'observation de la nature et de ses millions d'espèces animales, il n'est pas faux de dire que l'animal poursuit non pas sa propre vie, mais la reproduction. Sans doute beaucoup d'animaux ne semblent avoir dans une existence longue que des courtes périodes d'activité sexuelle, mais il faut tenir compte du temps de la gestation et de l'allaitement pendant lequel la femelle n'est pas disponible. À l'opposé, chez certaines bestioles, leur vie très brève se résume à la période de reproduction. Ainsi l'éphémère, qui naît le soir, s'accouple aussitôt; la femelle pond pendant la nuit; tous deux sont morts au matin sans avoir vu le soleil. Ces petites bêtes sont si peu destinées à autre chose qu'à l'acte sexuel qu'elles n'ont pas de bouche. Elles ne mangent, ni ne boivent. On les voit voleter en nuages denses au-dessus de la rivière. Les mâles, plus nombreux que les femelles, fécondent leurs belles jusqu'à l'épuisement. Je pourrais multiplier les exemples empruntés à la nature et à l'immense famille des papillons; tant de beauté qui ne sert qu'à préparer l'accouplement et à des parades nuptiales qui sont des préludes à l'amour. Il y a une espèce de papillons, les *Palingenia,* dont on n'a jamais vu la femelle. C'est qu'elle est fécondée avant même d'avoir pu se débarrasser de son corset de nymphe et qu'elle meurt les yeux encore fermés, mère à la fois, et poupon au maillot.

*– Tu deviens lyrique, papa, quand tu parles des petites bêtes du jardin. Explique-moi aussi pourquoi les mâles sont si différents des femelles ? Chez les humains, par exemple, les hommes sont en général plus gros et plus forts que les femmes.*

– C'est ce qu'on appelle le dimorphisme sexuel. Il est le résultat de l'adaptation de l'espèce à son milieu. C'est d'ailleurs souvent la femelle qui représente le sexe fort, car c'est à elle que revient la responsabilité des petits. Chez les invertébrés, l'état femelle l'emporte généralement et le mâle est réduit à n'être qu'un simple organe reproducteur qui vit aux crochets de son épouse. Ainsi, la bonellie femelle est un ver marin en forme de sac cornu d'une longueur de quinze centimètres ; le mâle est représenté par un minuscule filament de un à deux millimètres, c'est-à-dire mille fois plus petit que la femelle. Celle-ci héberge et nourrit dans son tube digestif une vingtaine de mâles qui finissent dans l'oviducte où ils fécondent les œufs.

Chez les vertébrés supérieurs, oiseaux et mammifères, les différences sont notables, mais sans jamais atteindre toutefois le dimorphisme monstrueux qui est observé chez les arthropodes (insectes, araignées et crustacés). Chez les oiseaux, la disparité concerne le plumage et le ramage. Parfois, les femelles sont plus belles et plus fortes, comme chez les rapaces : les mâles laissent à la femelle les brillantes colorations et la ponte des œufs ; ils assument cependant la suite des soins maternels, ce sont eux qui couvent. Mais tu connais tout ça très bien puisque tu es une familière des zoos et des basses-cours. Chez les mammifères, les mâles sont en général plus gros, plus forts, plus agressifs comme chez les grands singes. Parfois, comme chez la taupe, on ne distingue pas à la vue le mâle et la femelle, qui portent tous les deux un pénis. La différence réside, en revanche, dans le comportement.

*– Assez parlé des bêtes. Je veux entendre ton opinion sur les différences entre les hommes et les femmes. Maman te reproche souvent ton « machisme ». Qu'as-tu à dire pour ta défense ? Je t'écoute avec bienveillance parce que tu es mon papa chéri.*

– Dans l'espèce humaine, le dimorphisme sexuel s'exprime dans le duo masculin-féminin. Dès l'école maternelle, tu as su faire la différence entre un petit garçon et une petite fille en te fondant sur leur apparence corporelle, leurs manières et leurs jeux. Plus tard, au collège, à l'âge que tu as aujourd'hui, une véritable métamorphose se produit chez la fille et chez le garçon, qui contribue à accentuer leur dissemblance. Cette révolution corporelle s'appelle la puberté ; elle correspond à l'installation des caractères sexuels secondaires comme la voix et la barbe chez le garçon et les seins chez la fille pour ne parler que des signes les plus apparents. C'est surtout le moment où s'installe la fonction reproductrice. Chez la jeune fille, qui acquiert alors le statut de femme, la ponte cyclique d'un ovule dans les voies génitales s'accompagne d'un écoulement périodique de sang : les règles. Le garçon et la fille affichent ce qu'on appelle leur genre, fondement de leur identité. Les voici donc confrontés par leur différence, et en même temps attirés l'un vers l'autre, dans ce que les Hommes appellent l'amour.

## Le sexe et la génétique

Avant d'aller plus loin dans mes explications, il faut que tu saches que les mots et les choses qu'ils désignent sont parfois ambigus et qu'il peut y avoir plusieurs sens pour le même mot. Ainsi le mot « sexe » s'applique aux organes sexuels (par exemple le pénis), à l'acte sexuel proprement dit, et à différents niveaux d'organisation, on parle ainsi d'un sexe chromosomique qui parfois ne correspond pas à l'apparence mâle ou femelle de l'individu.

– *Qu'est-ce qui décide du sexe d'un bébé ? On dirait que les parents tirent au sort et attendent la sortie du bébé pour savoir s'ils ont gagné une fille ou un garçon.*

– Tu ne crois pas si bien dire, même si aujourd'hui les parents ont la possibilité de connaître le sexe du bébé avant la naissance, grâce à l'échographie, qui permet de voir le fœtus dans le ventre de sa mère. Certains parents préfèrent ne pas savoir et attendre que l'enfant paraisse pour lui donner un prénom.

*– Maman m'a montré ma photo de profil au septième mois de grossesse. Il paraît que je suis très ressemblante... Je me trouve assez moche – il est vrai que l'on connaît mal son profil.*

– Il n'empêche que tu as raison, il y a bien tirage au sort ! Celui-ci se fait dans l'organe sexuel de la mère, l'ovaire, lors de la fécondation. Cette phase est le cœur de la reproduction, aussi bien chez les végétaux que chez les animaux. Tu ne peux pas imaginer le luxe de moyens variés que la nature a inventé pour qu'une cellule sexuelle mâle rencontre une cellule sexuelle femelle et fusionne avec elle pour donner un œuf chez l'animal, ou une graine chez la fleur. Il s'agit bien de l'étape clé qui permet la combinaison des informations génétiques provenant de deux cellules séparées issues de deux parents différents. On appelle les cellules sexuelles des gamètes : l'ovule femelle et le spermatozoïde mâle.

Tu sais que chaque cellule du corps contient dans son noyau un double lot de chromosomes. L'humain possède un patrimoine génétique porté par 23 paires, soit 46 chromosomes classés d'après leur taille. La dernière paire est spécialisée dans les affaires sexuelles. Chez la fille, les deux chromosomes appelés X sont semblables. Celle-ci est donc XX et chez les garçons, un des deux chromosomes est différent, Y ; les garçons sont donc XY.

*– On est bien loin de l'amour, papa, avec tes X et tes Y !*

– Pardonne-moi de trop ramener ma science, mais sans nommer les choses pour les décrire, on ne peut rien comprendre. Quand tu croques une pomme ou que tu effeuilles une marguerite, tu rends hommage sans le savoir à la mécanique complexe et précise du sexe qui permet à la vie de vivre sa vie et à l'amour de régner sur tout ce qui est vivant. Sois donc un peu patiente et je t'expliquerai ce qui décide du sexe d'un bébé ; on le sait grâce à la science moderne. Une étape préalable indispensable à la fécondation est celle de la réduction du nombre de chromosomes dans les gamètes. Après un cycle spécial de division (méiose), ces gamètes ne contiennent plus qu'un seul lot de chromosomes ; ils sont dits haploïdes. Au moment de la fécondation, un spermatozoïde fusionne avec un ovule pour donner un œuf fécondé appelé zygote avec à nouveau deux lots de chromosomes. Cet œuf est diploïde et la vie se poursuit avec un double lot de chromosomes dans toutes les cellules de l'embryon qui se multiplient par divisions à partir du zygote.

*– Tu ne m'as pas dit comment se produit le tirage au sort.*

– Je te montre maintenant la situation dans l'appareil génital de la mère au moment où va se produire la fécondation, si toutefois celle-ci a lieu car la vie ne gagne pas à tous les coups. Sont en présence, d'un côté l'ovule maternel qui vient d'être pondu, de l'autre, une armada de spermatozoïdes parvenus à proximité de l'ovule grâce à leur flagelle (une sorte de rame) qui permet de remonter les voies utérines. À la suite de la méiose, ces gamètes mâles possèdent un seul lot de chromosome sexuel tantôt X, tantôt Y. L'ovule, en revanche, possède obligatoirement un chromosome X. Selon que le spermatozoïde vainqueur qui fusionne avec l'ovule est X ou Y, l'œuf fécondé sera donc XX ou XY, fille ou garçon.

– *On peut donc dire que les jeux sont faits au moment de ce que tu appelles la fécondation ?*

– Si tu veux. Comme au théâtre, ce sont les jeux « de l'amour et du hasard ». Il est vrai qu'aujourd'hui on a la possibilité de féconder un ovule artificiellement et de choisir le sexe grâce aux techniques de fécondation *in vitro* empruntées à la biologie animale. Celles-ci permettent à des couples, qui pour toutes sortes de causes physiques n'en ont plus la possibilité, d'avoir un bébé à élever et à aimer. Ce n'est plus du hasard, mais il reste l'amour.

## Le développement du bébé

*– Cela ne me dit toujours pas comment à partir d'un embryon XX ou XY la maman fabrique son bébé.*

– Tu as raison, après la fécondation, tout reste à faire. Certaines autorités se croient permises d'émettre une opinion dont elles font une obligation morale le plus souvent dictée par leur croyance. Selon eux, l'embryon est une personne potentielle. Il est donc sacré et ne peut servir, par exemple, à la recherche scientifique ou faire l'objet d'un commerce. Tu te feras une opinion toi-même. La nature n'a pas ces scrupules. Dans le temps qui suit la fécondation, notre sacré zygote devenu embryon va tenter de vivre sa vie dans la cavité utérine. La paroi de celle-ci s'est épaissie et enrichie en vaisseaux sanguins. Entouré de nouvelles membranes, l'embryon vient s'y blottir et s'y coller ; il y fait son nid en quelque sorte. L'implantation est une phase critique et ne réussit pas à tous les coups. L'embryon qui n'a pu se fixer n'a plus qu'à mourir avant d'être éliminé par le flux sanguin des règles suivies d'un nouveau cycle ovarien. L'implantation réussie mène à la période embryonnaire proprement dite qui va durer deux mois et sera intensément consacrée à la division cellulaire et à la segmentation des différentes parties du corps.

Au début du troisième mois, l'embryon se détache de ses membranes et devient un fœtus qui commence son apprentissage de la liberté comme un poisson dans l'eau ou plutôt comme un scaphandrier, car il est relié par le cordon ombilical à la paroi utérine et à son placenta, par celui-ci à la mère, et finalement par cette dernière au monde dont elle lui offre un avant-goût. Le développement du fœtus est une fabuleuse aventure à laquelle participent des milliards de cellules qui contribuent à la construction des différents organes.

*– Laisse tomber le développement, nous avons eu au collège un excellent cours d'embryologie, consacré il est vrai principalement au crapaud. Mais il paraît que cela ne diffère pas beaucoup de l'Homme. Revenons plutôt au sexe.*

## Le sexe et le genre

– Jusqu'à l'âge de 2 mois, l'embryon humain n'a pas de genre ; l'ébauche de son appareil génital présente à la fois des éléments mâles et femelles. La différenciation sexuelle est l'œuvre des glandes sexuelles qu'on appelle les gonades. Cela est vrai chez tous les mammifères. S'il est castré pendant la vie utérine, un fœtus donne à la naissance un individu de sexe féminin. La différenciation sexuelle de la femelle répond donc à un type neutre. À partir de là, on peut dire n'importe quoi sur la supériorité ou l'infériorité des femmes : une querelle imbécile dans laquelle des savants qui sont spécialistes des souris et des rats se permettent de donner des avis qui ne concernent pas vraiment les hommes et les femmes. Je te résume simplement les faits. Le sexe de l'animal – en l'occurrence la nature de ses gonades – est déterminé au moment de la conception par la formule chromosomique héritée des parents : un chromosome X vient obligatoirement de la mère ; l'autre X ou Y est donné par le père. Les gonades (testicules et ovaires) produisent des hormones qui circulent dans le corps de l'embryon et sculptent dans sa chair les traits mâles ou femelles : la testostérone pour les premiers, l'œstradiol et la progestérone pour les seconds. Toujours selon la théorie, en l'absence de chromosome Y les testicules ne se forment pas et les ovaires se développent spontanément, avec pour conséquence l'apparition de caractères sexuels femelles. Dans ce scénario, seul le sexe masculin est déterminé et le sexe féminin ne peut s'exprimer que par défaut, en l'absence du premier.

*– Ce n'est pas réjouissant pour les filles ! À t'écouter, les filles ne seraient des filles qu'en raison de l'impossibilité pour elles de devenir des garçons.*

– Tu fais bien de protester. La théorie chromosomique du sexe n'a fait que prolonger l'opinion bien ancrée dans la pensée des savants depuis l'Antiquité selon laquelle la femme n'était qu'un homme inachevé. Ce dont rendait compte sa position sociale inférieure. À ce sexe unifié demeuré à l'état d'ébauche chez la femme correspondaient deux genres, l'un dominant (le masculin) et l'autre dominé (le féminin). Tu sais, c'est presque toujours la règle dans l'espèce humaine – cette espèce qui a appris à parler et qui croit à tout ce que ses membres racontent, le maître trouve toujours de bonnes raisons tirées de l'observation de la nature pour justifier la tyrannie qu'il exerce sur l'esclave. Chez les jeunes gens de ta génération, les mentalités ont évolué, mais quand tu regardes autour de toi, tu vois le chemin restant à poursuivre pour atteindre une égalité qui respecte les différences aveuglantes entre les deux sexes.

*– Le sexe est donc le produit du hasard. Un bébé n'a aucune chance d'être un garçon s'il ne possède pas le fameux chromosome Y. Il y a des pays où avoir une fille est un malheur pour les parents. Mamie m'a raconté que les couples qui n'avaient que des filles étaient ceux où le père et la mère s'aimaient beaucoup.*

– C'est évidemment absurde. Le seul domaine où le sexe et l'amour n'ont rien à faire ensemble est le choix entre mâle et femelle pour le zygote. Je veux bien que l'on fasse croire aux petits-enfants que les garçons naissent dans les choux et les fillettes dans les roses ; c'est très poétique, comme la cigogne qui les apporterait, mais ça n'a malheureusement pas plus de réalité que le pouvoir de l'amour sorcier dans le choix du sexe. Il faut que tu saches toutefois qu'il existe des sujets humains chez qui la loi chromosomique est contredite par une inversion sexuelle : XX pour des hommes et XY pour des femmes. L'explication tient au fait que les chromosomes n'interviennent que par l'intermédiaire des gènes qu'ils portent. Ainsi, le chromosome Y porte un gène appelé *SRY* dont l'expression dans les ébauches gonadiques du fœtus aboutit à la sécrétion d'une hormone qui provoque la régression de l'appareil sexuel femelle suivi du développement de l'ébauche testiculaire. Ceci serait relativement simple, s'il n'existait d'autres gènes, notamment sur le chromosome X. En fait, le sexe n'est pas seulement lié à l'expression d'un gène masculinisant opérant par défaut chez la fille, mais à une balance complexe, faisant intervenir cette cascade d'autres gènes entre un gène masculinisant et un gène féminisant. Je suis sûr qu'il reste à découvrir des gènes qui interviendraient dans la cascade de facteurs assurant la détermination sexuelle. En contraste avec l'importance capitale de la reproduction, il faut aussi noter la variété extraordinaire des molécules impliquées d'une espèce à l'autre, reflet de leur fragilité chez l'Homme. Ce qui importe pour l'espèce, c'est de se reproduire ; mais quelle incertitude dans les moyens, notamment chez l'humain ! Finalement, il faut que tu te souviennes que, dans le choix du sexe, ce sont les chromosomes qui proposent, mais que, dans la fabrique du sexe, ce sont les hormones – ces fameuses hormones secrétées par les glandes sexuelles, testicules et ovaires – qui en disposent. Ces hormones conduisent l'individu non seulement dans sa vie de fœtus, mais tout au long de son existence et jusqu'à sa mort.

## Les hormones du sexe

*– Peux-tu me dire ce qu'est une hormone ?*

– Une hormone est une molécule de signalisation produite par une glande ou par des cellules éparses qui la déversent directement dans la circulation sanguine pour être transportée et agir à distance sur sa cible. Une fois réglé le problème génétique, XX ou XY, avec les confusions dont je t'ai parlé, la fabrique du sexe est donc l'affaire des hormones. Bien au chaud dans la matrice (l'utérus), les petits grandissent, femelle ou mâle, selon les sécrétions de leurs propres glandes génitales : pour les ovaires, l'œstradiol, et pour les testicules, les androgènes, dont le principal est la testostérone. Le pénis, les bourses et les canaux déférents (autrement dit, la quéquette et ses accessoires) sont leur œuvre. En leur absence, l'embryon acquiert spontanément des organes sexuels femelles : utérus, vagin, lèvres et clitoris. Encore une fois : seule la fabrique du sexe mâle nécessite l'intervention des hormones, celui de la femelle se construit librement. Sexe féminin, sexe spontané, sexe par défaut, sexe de base, sexe primordial, sexe neutre, sexe fort : l'idéologie n'a qu'à faire son choix ! La sexualité de l'adulte peut se jouer dans l'utérus de la mère. C'est pendant cette période, suivie d'un temps plus ou moins long après la naissance, que se construisent non seulement l'appareil génital et les caractères morphologiques du corps, mais aussi l'organisation du cerveau qui gouverne les fonctions de reproduction et les comportements qui leur sont associés. Les glandes de l'embryon ne sont pas seules en cause dans sa sexualisation ; celle-ci dépend aussi de l'environnement : c'est-à-dire du corps de la mère, avec ses humeurs fluctuantes et, dans les grossesses multiples, des petits frères et sœurs compagnons d'utérus. Pendant la grossesse, les hormones de la mère baignent le fœtus, exposant parfois sa sexualité naissante à des taux d'androgènes élevés ou à d'autres excès hormonaux qui retentissent sur sa différenciation sexuelle. Les vétérinaires ont observé que lorsqu'une vache portait des jumeaux mâle et femelle, la génisse était stérile et présentait des caractères masculins ; ils en avaient conclu que les androgènes du veau imprégnaient le corps de la génisse à l'intérieur du ventre maternel et étaient responsables de sa masculinisation. Un exemple de l'influence de l'environnement sur le genre est celui de la hyène tachetée. Les femelles ont une allure de mâle avec une forte taille, une morphologie masculine, un pseudo-pénis et des lèvres formant des bourses, malgré des ovaires et un utérus normaux. Dans les combats, elles sont les plus fortes et exercent une position dominante dans la meute. Il s'agit probablement d'une adaptation à un milieu désertique et pauvre en ressources. La cause immédiate tient à la présence d'un taux excessif d'androsténédione, un composé inactif chez la mère qui est converti dans le placenta en hormone active capable de masculiniser le fœtus. La cause ultime, celle qui concerne l'adaptation, pourrait être l'avantage qu'il y aurait, dans un milieu où la nourriture est rare et difficile à acquérir, à ce que les femelles participent à sa quête incertaine, en l'occurrence à la chasse collective. Enfin, et peut-être surtout, les hormones, celles du fœtus et celles de la mère, jouent un rôle éminent et déterminant dans la sexualisation du cerveau et dans la construction des circuits nerveux dont dépendront les fonctions sexuelles de l'individu et notamment son comportement mâle ou femelle plus ou moins affirmé. Sans entrer dans les mécanismes de la sexualisation de certaines régions cérébrales, j'insisterai sur l'ambivalence étonnante des hormones gonadiques en remarquant que la testostérone doit être convertie en œstradiol dans le cerveau pour y exercer sa fonction masculinisante et que, dans beaucoup d'espèces, y compris dans l'espèce humaine, elle peut exercer une action stimulante sur l'activité sexuelle mâle aussi bien que sur celle femelle. En revanche, la progestérone, hormone femelle par excellence et qui passe pour avoir un effet inhibiteur sur l'activité sexuelle mâle, s'avère également stimulante dans certaines conditions. Ainsi, un pic de sécrétion de progestérone accompagnerait la montée de désir du mâle avec la tombée de la nuit ! Cela est vrai chez certains animaux et peut-être aussi chez les garçons. Alors (je dis ça pour plaisanter, bien sûr), méfie-toi des hommes quand vient le crépuscule. Je crois utile de souligner la dualité ambiguë des hormones sexuelles au niveau des organes et des structures, notamment nerveuses, dont elles ont la charge. Volontairement, je n'ai pas séparé le sort de l'Homme de celui du rat ou de la vache. C'est que fondamentalement la sexualité possède des caractères universels. Mais, s'agissant de l'Homme, la rupture évolutive, en matière de sexe, est aussi radicale que pour les fonctions instrumentales ou langagières – et probablement pour les mêmes raisons. Quand il naît, le petit Homme n'est pas fini : son enfance et son développement durent plus longtemps que chez n'importe quelle autre espèce. Pour un mouton ou pour un rat, son destin sexuel est joué à la naissance ; tout reste à faire, ou presque, pour le petit Homme : la fabrique du sexe, avec sa part d'improvisation et de hasard, se poursuit pendant de longues années. C'est probablement le face-à-face de l'homme et de la femme, dans la confrontation de leur différence en même temps que de leur similitude, qui fonde la parole de l'humain sur laquelle s'est construite l'humanité, un mot qui témoigne de la singularité de l'espèce humaine. Or cela ne concerne pas les hormones, mais ce cerveau humain avec son développement qui le différencie des autres bêtes. Je t'ai parlé de lui en premier, car il règne en maître sur le sexe de l'homme. Mais il est lui aussi sous l'influence des hormones qui agissent en retour sur son fonctionnement. Un mot enfin sur la castration et ses effets. Pratiquée avant la puberté chez le jeune garçon, elle empêche celle-ci de se produire. L'adolescent grandit en conservant sa voix d'enfant et son corps adopte les traits féminins (seins, hanches et absence de poils). Il en allait ainsi dans les États du pape où les castrats remplaçaient les chanteuses et les comédiennes à qui l'accès était interdit. Dans les pays musulmans et dans l'Empire chinois, les eunuques occupaient les fonctions de gardiens du sérail ou harem et parfois celles de Premier ministre, comme le fut Li Hongzhang, amant de la dernière impératrice.

*– Les hormones, c'est bien joli, mais je me demande où est passée la poésie, l'imagination, la beauté. Je ne sais d'ailleurs toujours pas ce qu'est l'Amour. Mais j'aime les romans d'amour.*

– Le sexe, c'est aussi tout cela. Le sexe, c'est la fleur, c'est le chant de l'oiseau. Ces chants n'existent que parce que l'oiseau est aussi la chair qui palpite sous les plumes et que la fleur fleurit parce que les racines de la plante apportent la vie (l'amour) dans ses cellules. Je te demande de regarder derrière l'apparence des choses ; tu verras qu'elle est souvent trompeuse. Ainsi, faut-il distinguer la différenciation sexuelle et l'orientation sexuelle.

## La différenciation sexuelle et l'orientation sexuelle

Je t'ai parlé de la différenciation entre féminin et masculin, qui est sans aucun doute sous la dépendance des hormones sexuelles. Des expériences (chez les rats) ont montré que la bipolarité mâle-femelle du fœtus pouvait conduire à l'un ou l'autre sexe selon les hormones qui circulent chez le fœtus. Une anomalie dans le programme hormonal provoque une différenciation sexuelle atypique. Ceci est le cas chez l'humain lorsque, par exemple, la mère a reçu pendant la grossesse un traitement hormonal inapproprié. Même chez l'humain et même chez les adultes, les hormones sexuelles conservent après la vie embryonnaire leur pouvoir sur la différenciation sexuelle. Il s'agit d'une question complexe et particulièrement difficile à aborder, comme d'ailleurs tout ce qui touche au sexe chez l'humain, domaine privilégié de l'hypocrisie et des préjugés. Tu as sûrement entendu parler des transsexuels. Une loi récente vient de les rayer du cadre des malades et de leur attribuer un statut de normalité. Ce sont des hommes et des femmes qui ne vivent depuis leur enfance qu'avec le sentiment profond qu'ils appartiennent à l'autre sexe. Tel homme, par exemple, rêve qu'il est, malgré son état civil et son apparence, une femme dans la réalité. Dès qu'il en aura la possibilité, tous ses efforts tendront à transformer son corps en celui d'une femme comme les autres ; d'abord par le travestissement, accompagné d'un traitement aux œstrogènes qui lui donne un corps féminin, parfois très beau, et enfin par une opération chirurgicale qui le débarrasse de ses organes génitaux mâles et les remplace par un simulacre d'organe femelle. Ces observations m'amènent à parler de la notion d'*identité de genre* qui désigne le sexe dans lequel se reconnaît le sujet. Cela n'a rien à voir avec l'homosexualité. Un(e) homosexuel(le) ne cherche pas à nier, bien au contraire, le sexe auquel il/elle appartient. Les sexologues anglo-saxons défendent la théorie selon laquelle l'identité sexuelle du futur adulte dépend presque exclusivement de la conviction des parents sur le sexe de leur enfant pendant les deux ou trois premières années de la vie. C'est le cas des filles qui naissent avec des organes génitaux de garçon en raison d'une sécrétion anormale d'hormones mâles chez le fœtus ou de garçons dont les hormones mâles n'ont pas de récepteurs dans le corps et gardent donc des caractères sexuels femelles (testicules féminisant). Ces filles-garçons sont des faux hermaphrodites.

*– Ces hommes qui ressemblent à des femmes et se comportent comme des femmes (ou l'inverse) ne sont-ils pas des homosexuels ?*

– Cela n'a rien à voir. Les transsexuels croient que, contrairement aux apparences, ils appartiennent à l'autre sexe et vivent comme tels. C'est une sorte de délire et ils vont jusqu'à utiliser des moyens irréversibles comme la castration pour devenir ce qu'ils *croient* être. Il n'en est pas de même pour l'homosexualité. Celle-ci traduit une *orientation* sexuelle dirigée sur un partenaire du même sexe et aboutit généralement à un comportement sexuel que l'on peut à la rigueur requalifier d'atypique (en aucun cas d'anormal) par opposition au comportement sexuel typique accompli avec un partenaire de sexe différent. Le règne animal offre de nombreux exemples de ces comportements sexuels atypiques. Ils se produisent spontanément, surtout chez la femelle. On recense de nombreuses espèces « coupables » de telles pratiques, allant des lionnes, chiennes, chattes, aux indolentes vaches de nos prairies qui occupent une partie de leur temps – tu l'as observé – à se monter dessus. Chez les mâles, la pratique sexuelle atypique est plus rare, à l'exception de quelques singes en captivité, peut-être en raison de leur désœuvrement. L'homosexualité n'a probablement rien à voir avec la biologie. Il y a régulièrement des scientifiques qui prétendent en trouver la cause dans les structures du cerveau, dans les gènes ou dans les hormones, quand ce n'est pas dans l'histoire familiale ou dans la société. Longtemps deux approches concurrentes, l'une médicale et l'autre criminaliste, se sont disputé le terrain. Il existe encore des pays où l'homosexualité est punie de mort. C'est la démonstration que chez l'Homme, le sexe et l'amour doivent être séparés des fonctions reproductrices. Tout simplement, je crois qu'il est préférable de penser que l'amour qui lie deux amants du même sexe est semblable à celui qui règne entre un homme et une femme dans leur quête réciproque de l'Autre.

*– Une fois de plus, tu passes du sexe à l'amour sans que je puisse faire la différence entre l'un et l'autre.*

– Le sexe et l'amour, je ne cesserai de te le répéter ne peuvent pas être abordés l'un sans l'autre. Le sexe sans l'amour perd sa puissance bienfaisante et devient souvent corruption de l'Âme. Encore faut-il s'entendre sur le sens du mot Amour. Dans une acception générale, il signifie la vie, comme j'ai essayé de te l'expliquer au début ; à ce titre, le sexe participe de l'amour puisqu'il contribue à la pérennité de la vie. L'Amour chez l'humain prend un tout autre sens puisqu'il exprime le désir d'aller vers l'autre tout en traçant le chemin de la joie ; il est jubilation dans la connaissance de cet être différent qui est aussi son semblable. On peut d'ailleurs illustrer ce paradoxe en remarquant que le coup de foudre touche souvent des individus qui se ressemblent.

*– Je crois comprendre ce que tu dis quand tu me parles de l'amour et de ses valeurs universelles. Mais cela ne m'aide pas face à ce sexe dont les adultes semblent avoir fait le centre de leurs préoccupations. Ça ne m'encourage pas au moment de pénétrer dans ce qui ressemble à la salle mal éclairée d'un château hanté de préjugés. Et je me sens d'autant moins à l'aise que j'observe les modifications de mon corps et surtout l'air entendu des vieux qui parlent de « l'âge ingrat » en faisant semblant de comprendre ce qui m'arrive alors qu'ils ont tout oublié de leur propre jeunesse pour se conformer aux clichés. Allez, papa, courage, parle-moi encore de l'amour sans faire de manières.*

## Histoire naturelle de l'amour

*– Est-il normal d'avoir plusieurs petits amis à la fois ou plusieurs petites amies pour un garçon ? Un homme peut-il avoir plusieurs épouses successivement ou à la fois et une femme plusieurs hommes dans sa vie ? J'ai des copines qui ne pensent qu'au sexe et qui se vantent d'avoir déjà connu plusieurs garçons. Doit-on attendre le mariage pour faire l'amour ? Doit-on rester avec le même homme toute sa vie, même si on ne l'aime plus ?*

– Que de questions à la fois ! À nouveau, je vais prendre ma casquette de scientifique pour te répondre, même si je n'ai pas vraiment de réponses à tes questions – et je ne suis pas sûr que, dans ce domaine, je sois un exemple à suivre. Comme précédemment, on va d'abord parler des animaux.

La monogamie, c'est-à-dire un seul mâle pour une seule femelle, est exceptionnelle dans la nature. Il n'y a pratiquement comme animaux monogames que ceux qui font l'amour une seule fois dans leur vie.

Il y a toutefois des monogamies de fait – il n'y en a pas de nécessaire – dès que la vie de l'animal est assez longue pour lui permettre de se reproduire plusieurs fois. Les femelles de mammifères en liberté fuient presque toujours le mâle qui les a déjà servies. Il leur faut du nouveau. La chienne n'accueille qu'à la dernière extrémité le chien de la saison précédente. C'est un phénomène qu'explique la sélection naturelle et la nécessité d'introduire la variété dans l'espèce pour maintenir son adaptation à l'environnement. Tu entends assez parler aujourd'hui de cette biodiversité qui serait paraît-il menacée. Si l'espèce humaine présente une grande diversité de types, c'est sûrement parce qu'elle est polygame. La monogamie que l'on entretient dans les familles aristocratiques royales, nobles ou simplement bourgeoises, conduit à la fixité du type et à la création de races qui n'ont pas de sens et sont une absurdité en regard de la survie de l'espèce et d'une façon plus générale de la vie. L'idée de race conduit au déclin de l'humanité ; celle-ci ne doit son essor qu'à sa dispersion géographique et aux mélanges entre individus. Si un jour, tu me présentes un amoureux d'une autre couleur que la tienne, je me réjouirai, à la condition, bien sûr, que ce soit un homme brave.

La monogamie peut être à l'origine de l'ennui dans le couple : la répétition de l'acte sexuel avec le même partenaire amène parfois à l'épuisement du désir. Je vais te raconter une expérience que des chercheurs ont reproduite dans mon laboratoire. Lorsqu'une femelle en œstrus est introduite dans la cage d'un rat, celui-ci met un certain temps à s'intéresser à l'intruse ; les travaux d'approche se font avec hésitation et l'acte sexuel une fois déclenché traîne en longueur. Après l'éjaculation, le rat se repose quelque temps (5 à 6 minutes) et monte à nouveau sur la femelle, l'acte est cette fois bref et sans atermoiements. Il est ensuite répété quatre ou cinq fois à intervalles rapprochés, toujours aussi rapide et décidé. Et brusquement, tout s'arrête, la femelle cesse d'intéresser le mâle. On pourrait croire que, celui-ci épuisé, comblé, est en état de satiété sexuelle ; erreur, le rat s'ennuie. Il suffit d'introduire dans la cage une nouvelle femelle pour que les ébats reprennent avec le même enthousiasme. Des dosages de dopamine libérée dans une région du cerveau, le noyau accumbens, un important relais des voies nerveuses du désir, montrent que le taux de cette substance suit fidèlement chaque montée du désir et s'effondre après chaque éjaculation. Ainsi, l'ennui lié à l'absence de nouveauté serait une inhibition assez puissante pour s'opposer à un désir qui ne demanderait qu'à s'exprimer. Tu ne dois surtout pas prendre cette expérience pour une incitation à être volage. Les humains, je ne te le répéterai jamais assez, ne sont pas des rats. Ils ont un énorme cerveau, notamment la partie située juste derrière notre front, responsable du contrôle de leurs actions et de leurs sentiments, surtout des jugements moraux que leur impose la vie en société et de leurs goûts et dégoûts. Ils ont aussi une notion du temps qui passe, d'une histoire qui n'appartient qu'à eux, ce qu'on appelle la conscience de soi et une mémoire qui joue, je te l'ai déjà dit, un rôle essentiel dans le choix de l'Autre (l'objet d'amour) et dans la durée de cet amour. Je te parlerai à nouveau de cette ocytocine en te racontant ce qui se passe dans le cerveau d'un petit rat des champs américain, un campagnol. Lui et ses congénères forment en effet des couples monogames (à la différence des hommes appartenant à la religion mormone qui habitent le même territoire) qui sont unis pour la vie. Le père, fidèle et soucieux de défendre le gîte contre les étrangers, participe à l'entretien des petits. L'ocytocine, comme dans l'attachement parents-enfants, lie entre eux les partenaires sexuels. Lors de l'accouplement, cette molécule abondamment libérée dans le cerveau de la femelle se fixe sur les récepteurs situés dans le noyau accumbens, plaque tournante, on s'en souvient, du plaisir et du désir. Les deux partenaires copulent toutes les vingt minutes pendant environ deux jours après le premier contact. La campagnole est désormais sous le joug de son campagnol, comme s'il s'agissait d'une puissante drogue. La libération d'ocytocine survenant lors de la copulation est en quelque sorte la répétition de la grande scène de l'accouchement. Mais que devient dans cette affaire l'objet d'un tel attachement, le mâle ? La libération d'ocytocine dans son cerveau au cours des coïts à répétition des premiers jours a installé, chez lui aussi, un lien durable avec la femelle. De la vasopressine stimulée par la montée de testostérone s'est également répandue dans certaines aires de son cerveau. Le mâle, de son côté, « imprégné » de vasopressine, « reconnaît » les petits. Bon époux, grâce à l'ocytocine, voici désormais le campagnol de prairie devenu bon père, grâce à la vasopressine. Cette hormone est également responsable chez le rat de la mémoire sociale, notamment celle qui s'exerce à l'égard des jeunes. Je suis cependant un peu réticent sur le rôle de l'ocytocine dans la formation et l'entretien du couple chez l'humain. On met un peu l'ocytocine à toutes les sauces sentimentales : hormone de l'affection, de la tendresse, de la quiétude chez l'humain. Des expériences récentes semblent paradoxalement attribuer ces rôles bénéfiques à la testostérone, l'hormone mâle (sécrétée aussi chez la femelle à faible dose) qui serait dans les deux sexes l'hormone de la gentillesse et du sens de l'équité et non celle de l'agressivité, de la jalousie et de la violence, défauts que l'on prête généralement aux hommes. Comme tu vois, quand il s'agit des conduites humaines, il faut se méfier d'en attribuer la cause à une molécule ou à un gène. La chimie de nos sentiments est impuissante à résoudre les problèmes existentiels de cette bête étrange qu'est l'humain. Pour se reconnaître et ne plus se quitter, des signaux sensoriels, visuels, tactiles, olfactifs et de douces paroles mélodieuses, comme un chant d'hyménée, n'ont pas besoin du secours des hormones pour déclencher une passion qui, au début tout au moins, se veut éternelle. « Si tu veux connaître les hommes, regarde les singes » dit-on parfois. Il existe des espèces monogames chez les singes, mais en règle générale, ces espèces connaissent en même temps une polygamie sociale (un mâle et une femelle vivant ensemble, mais ne s'accouplant pas exclusivement l'un avec l'autre). On identifie la monogamie sociale par l'existence d'un attachement tel que les membres du couple présentent une attraction mutuelle et expriment de la détresse quand ils sont séparés l'un de l'autre, par la fidélité au partenaire, par la protection de celui-ci et l'agression contre des individus non familiers du sexe opposé. Une telle définition s'applique parfaitement aux ouistitis. À quoi ces singes passent-ils leur temps ? À chercher de la nourriture, bien sûr – manger, boire, dormir – mais surtout à s'épouiller, à échanger entre partenaires des petites attentions – papouilles, caresses, bisous – et à copuler. Cette activité est indépendante du statut social et de la fonction reproductrice. L'ovulation est cachée comme chez la femme et les mâles restent très actifs en dehors des périodes de fécondité maximale de la femelle. La fréquence des copulations augmente lorsque les liens entre partenaires s'affaiblissent, en présence de dangers potentiels, après une séparation brève ou lors de la perte d'un enfant. Tout se passe alors comme si un débordement d'affectivité et de sexe venait adoucir un malheur ou écarter une menace. On peut se poser la question : pourquoi autant de sexe ? Un sociologue conclurait que l'ovulation cachée oblige le mâle à s'accoupler avec la même femelle tout au long de son cycle, afin d'augmenter ses chances de reproduction. On pourrait utiliser le même argument à propos de l'Homme. Chez la femelle ouistiti, comme chez la femme d'ailleurs, l'ovulation n'est cachée que pour celui qui ne la voit pas. La guenon dispose d'indices indirects, olfactifs par exemple, pour faire connaître au mâle sa période féconde. En réalité, l'intérêt immédiat du sexe est ailleurs. Mon hypothèse est qu'il réside simplement dans le plaisir qu'il procure aux deux partenaires. Avoir un partenaire régulier accroît le rendement du plaisir – dans un premier temps tout au moins. Tout se passe chez les ouistitis comme si les copulations fréquemment répétées au début de la liaison tendaient à installer et à consolider l'attachement. Chez le mâle, la présence d'un rival potentiel augmente le rythme des accouplements. La femelle n'est pas épargnée par la jalousie. Elle déploie un nombre accru de sollicitations sexuelles lorsqu'elle est exposée à l'odeur d'une reproductrice étrangère. Je ne te dirai pas que c'est une recette universelle, mais seulement la leçon de Mme Ouistiti, qui est que pour retenir son mari, il faut souvent faire l'amour avec lui et lui procurer du plaisir.

*– Tout ce que tu me racontes en mêlant les animaux et les humains ne tient pas compte de la supériorité de ces derniers.*

– Je ne parlerai pas de la supériorité des humains (ils sont les seuls dans la nature à se croire supérieurs et encore pas tous), mais de leur sociabilité extrême qui contraste avec leur individuation également extrême. Tout Homme est différent de son prochain. Cette vie en groupes impose un certain nombre de règles de conduite qui empêchent les différends entre individus de dégénérer en combat mortel qui affaiblirait le groupe et bien vite l'espèce tout entière. C'est ainsi que se met en place une évolution dite culturelle qui remplace l'évolution physique : depuis qu'ils sont présents sur la terre, les humains n'ont pas changé. Un homme de Cro-Magnon pourrait se promener dans la rue, aller à l'université sans qu'on l'identifie. Cette régulation culturelle va s'appliquer principalement au sexe, celui-ci étant la principale source de conflits. Parmi ces règles, il y a l'interdiction de l'inceste, qui semble universelle bien que sous des formes très variées selon les cultures, et notamment selon les systèmes de parenté. Ces études sont complexes et l'objet de trop de discussions entre les spécialistes (les ethnologues) pour qu'on en parle plus longuement. Tu retiendras seulement l'importance de la société et de ses conventions dans le sexe et tu auras suffisamment de liberté d'esprit pour en discuter la pertinence.

– *C'est dommage car cela me paraît passionnant, mais reviens à l'amour et au sexe.*

– Avant d'être le contact de deux peaux, l'amour est une affaire de reconnaissance. À partir de ta naissance, il se forme dans ton cerveau ce que l'on appelle des *cartes cognitives*, où sont et seront représentés l'ensemble des événements qui constituent ton histoire. Parmi ces cartes, il existe notamment ce qu'on peut appeler des « cartes du Tendre », désignant l'ensemble des représentations qui, dans le cerveau d'un individu, gouvernent ses attirances, ses choix et ses comportements sexuels. Celles-ci ne sont pas présentes à la naissance, mais se développent pendant les années qui suivent. De tous les animaux sociaux, le petit Homme est celui qui demeure le plus longtemps exposé à l'influence des autres et du milieu dans lequel il grandit. Ces cartes dépeignent l'image de l'amoureux idéal et ce que, en tant que couple, les amoureux feront ensemble dans une relation romantique, idéalisée et sexuelle. Elles existent d'abord dans l'imagerie mentale, puis dans les rêves, dans ce qu'on appelle les fantasmes, produits de notre imagination qui viennent au secours du désir quand on est avec l'autre. C'est sous la voûte du crâne, dans le cortex cérébral, qu'est rangée cette carte du Tendre dessinée pendant la petite enfance. Les voies nerveuses, qui déclenchent et entretiennent le désir sexuel, viennent puiser en elle leur inspiration et leur incitation à passer à l'acte – ce que les psychanalystes appellent des pulsions. Mais parfois, cette carte se déchire, à cause des violences qu'a subies l'enfant, et devient responsable des désordres amoureux présentés par les pervers et les prédateurs sexuels – plus nombreux que l'on ne pense, et dont il faudra toujours te méfier. On reconnaît ces personnes à leur insistance, parfois à leur gentillesse trompeuse, qui cherchent à attirer la victime dans leurs filets. Cet affrontement de l'amour et de la luxure (un des sept péchés capitaux du catéchisme) est un combat perdu d'avance pour le pervers, prisonnier de la force qui l'anime, et un dilemme insoluble pour les médecins impuissants à le guérir comme pour les policiers qui le traquent. Ses cartes saccagées et faussées pendant l'enfance par les violences sexuelles que le futur pervers a subies – souvent de la part d'un parent – lui offrent un modèle complètement truqué de l'objet de désir sexuel et du comportement pour l'obtenir. Il s'agit d'un enchevêtrement monstrueux de l'amour et de la luxure dans lequel les valeurs morales sont inversées : haine, cruauté, barbarie avec une recherche obsessionnelle de la souffrance infligée à la victime. Pendant l'enfance, la perversion est restée silencieuse ; après la puberté, quand la pression des hormones devient trop violente, les systèmes désirants s'emballent et précipitent le sujet dans le passage à l'acte et sa répétition. On parle de compulsion avec une fréquence qui a tendance à s'accélérer après chaque crise. Il s'agit, en général, d'un homme adulte qui opère seul ou avec l'aide d'une complice ; ce qui montre le caractère passif de la perversion sexuelle chez la femme. Ces « tueurs en série » sont totalement inaccessibles à la thérapeutique. Il existe une grande variété de perversions sexuelles plus ou moins graves dans la mesure où elles respectent la vie de la victime. On ne peut toutefois sous-évaluer la gravité du viol, avec ses « violeurs en série », qui compromet dramatiquement l'équilibre psychique et la santé de la victime. Je ne voudrais surtout pas donner une sombre image de l'amour en décrivant ce que les médecins appellent des paraphilies. Je signalerai seulement les exhibitionnistes qui montrent furtivement aux jeunes filles rougissantes leur lamentable sexe le plus souvent à l'état flaccide (car ils sont en général impuissants). La meilleure réplique n'est pas le cri de frayeur, mais l'éclat de rire qui les met en fuite. Dans la liste de ces pauvres malades, il y a encore les voyeurs, les fétichistes et tous ceux qui atteignent la jouissance par d'étranges objets de désir : les chaussures, les sous-vêtements, les lavements, les moignons de membres amputés, etc. Contente-toi de sourire en pensant que l'homme est vraiment un étrange animal. Mais heureusement, l'amour échappe le plus souvent à ces mauvaises rencontres !

## Tout ça ne vaut pas l'amour

*– Peut-être faudrait-il revenir aux questions simples que je t'ai posées au début ?*

– Pas simples du tout. Ta vie sexuelle dépendra de toi, mais aussi de tes fréquentations. Les amies sont parfois de mauvais exemples à ne pas prendre en considération, car le plus souvent, elles trichent et ne te disent pas la vérité sur leurs amours. Un jour, tu rencontreras un garçon qui te plaira d'une façon surprenante et inattendue. Les signaux vont s'allumer dans ton cerveau. Ce sera une fausse alerte ou la bonne. Vous serez aussi inexpérimentés lorsque vous explorerez ensemble les chemins de l'amour. Ceux-ci sont semés d'embûches. Il ne sert à rien d'avoir peur ; mais tu dois être sur tes gardes et n'avancer vers le « faire l'amour » que lorsque tu seras assez sûre de l'autre pour faire la part de ses maladresses. Dans ces premiers pas, sa gentillesse est le meilleur atout pour réussir, toute violence est détestable. Tu te contenteras de dire *je t'aime* à celui que tu auras choisi ; ou peut-être est-ce lui qui te dira la phrase magique le premier. L'important est que les deux le disent, au moins dans leur cœur et ce sera alors l'Amour qui donnera au sexe la permission de sortie. Il y a, lorsque la décision est prise d'aller jusqu'au bout du trajet, des précautions à prendre : la pilule, par exemple, prescrite par la gynécologue avec la complicité de ta maman, qui est la seule amie sur laquelle tu peux vraiment compter, parce que tu es certaine de son amour. Si tu n'as pas pris les pilules régulièrement, tu dois demander au garçon de mettre un préservatif : encore une occasion pour lui de montrer sa maladresse. Il essaiera de se cacher pendant cette manœuvre assez peu romantique. Évite de le regarder. Tu dois savoir que la première fois, la pénétration fait un peu mal, mais c'est une douleur qui se change vite en plaisir quand le garçon se montre doux et prévenant. 17-20 ans est aujourd'hui encore la moyenne d'âge pour perdre sa virginité. Mais, s'il est parfois trop tôt, il n'est jamais trop tard. Évite les débordements sentimentaux qui empêchent les bonnes décisions. Il arrivera un moment où la réussite étudiante ou professionnelle appellera d'elle-même la réussite sentimentale qui t'apportera le complément de plénitude et la certitude d'être bien partie dans la vie. Mais je parle comme un livre. Surtout, ne te fais pas violence et choisis bien qui tu aimes – enfin, essaye.

*– Est-ce la même chose pour les garçons et pour les filles ?*

– Je ne crois pas. Les garçons sont aussi timides et embarrassés au début. Ils ne savent que faire de leur sexe qui semble ne plus leur obéir. (La découverte d'un sexe de garçon en érection pour une fille est sûrement une source d'étonnement et de gêne). De toutes les façons, timide ou pas, le garçon ne pense qu'à lui et n'a qu'une obsession, pénétrer sa partenaire. Chez un débutant, l'éjaculation précoce met souvent fin prématurément à l'accouplement. La fille doit rassurer le garçon et ne pas se moquer. Un peu d'humour, mais pas trop, peut apaiser la tension.

*– Est-ce qu'il y a des gens qui ne font jamais l'amour et pourquoi ? Peut-on aimer plusieurs fois dans sa vie ?*

– Ceux qui n'ont jamais fait l'amour ne savent pas ce qu'ils perdent. Certains hommes sont atteints d'impuissance, incapables d'avoir une érection qui permette la pénétration. Les causes en sont rares et multiples. Beaucoup d'impuissances masculines sont temporaires et sont liées à des causes émotionnelles. On parle de *fiasco*, dû aussi parfois à un désir trop violent. Dans toutes ces situations que l'homme vit comme une humiliation, l'amour de la femme et la patience sont les meilleurs remèdes. Les filles aussi peuvent présenter des difficultés d'origine psychique à faire l'amour : la peur, une pudeur paralysante, l'ignorance exercent un blocage sur le désir. La persistance d'une telle attitude peut conduire à un refus du sexe qui plonge la femme dans la terrible condition sociale de « la vieille fille », souvent victime d'un échec amoureux qu'aucun lendemain n'est venu réparer. L'impuissance féminine se traduit par l'absence d'orgasme, la faiblesse du désir allant jusqu'au refus physique de la pénétration par spasme du vagin. On utilise pour désigner ces troubles le vilain mot de *frigidité.* Il ne faut surtout pas oublier que l'amour se fait à deux et que c'est parfois l'autre, le partenaire, qui est le premier responsable. Il y a enfin tous les célibataires volontaires, mâles ou femelles, qui ont fait vœu de chasteté pour des raisons religieuses ou autres. Je trouve personnellement que cela équivaut à un refus de vivre sa vie qui relève plutôt de la lâcheté que de la vertu. Le sexe est le plaisir le plus élevé qui soit offert gratuitement à tous les humains, même les plus misérables. Il est inhumain de ne pas en profiter. Le cerveau est suffisamment tolérant pour que le jeune innocent accepte de braver avec cet(te) inconnu(e) tous les interdits de l'enfance afin de connaître la pénétration réciproque d'un autre lui-même ; une fusion des sens qui efface la distance entre les deux corps. Peut-être fermeras-tu les yeux ; tu verras alors un monde physique envahir l'intérieur de ton corps effaçant la réalité extérieure et son étrangeté vulgaire. Car vois-tu, l'amour est le plus grand mystère de la vie. Demain, tu aimeras quelqu'un aussi follement que tu le haïras peut-être un autre jour, et jamais tu ne comprendras les vraies raisons de ton amour, si tant est qu'elles existent. Je me demande parfois si l'amour n'est pas la seule chose qui ait compté dans ma vie : j'entends l'amour fabuleux de mes parents et celui de quelques femmes. Car, je réponds à ta question : oui, on peut aimer plusieurs fois dans une vie. L'amour coule comme un fleuve souterrain qui fait surface quand on ne l'attendait plus et souvent à plusieurs reprises comme les répliques d'un tremblement de terre. Quel bonheur d'être malheureux quand on souffre d'amour. L'amour est une invention permanente ; ne t'enfonce surtout pas dans la routine du petit confort affectif. Le couple n'est pas cette prison de l'amour que l'on dénonce parfois. Il peut être un fabuleux espace de liberté, pourvu que l'amour y règne sans partage. Un couple déserté par l'amour est comme un jardin de fleurs qu'on a oublié d'arroser pour se consacrer aux mesquines occupations de la vie.

– *Est-ce vraiment mieux d'attendre le mariage pour commencer à faire l'amour ?*

– Depuis que le mariage n'est plus un véritable sacrement qui engage une promesse, qu'il est plutôt aujourd'hui une institution expédiée grâce à la complicité d'un maire et d'un curé, il est tout au plus devenu un acte symbolique qui n'a de sens que pour la société, les parents et les amis. Une façon de dire aux autres : « nous nous aimons ». Ce qui compte, c'est l'engagement que prennent deux êtres dans l'amour réciproque qu'ils se portent. Dans le banquet de l'amour, on peut prendre le mariage au potage ou au dessert ; l'ordre ne change rien. Le blanc de la robe de la mariée est la couleur de l'amour, pas celui de la virginité. Quand tu viendras me dire : « Papa, je l'aime vraiment » ; alors, nous organiserons avec ta mère une belle fête qui réjouira autant nos cœurs de parents que ton âme enchantée par la présence de ton amant. Tu fonderas une famille. Peut-être le premier enfant sera-t-il déjà présent dans ton ventre et le prêtre, s'il y en a un, fermera les yeux sur ce qui était autrefois considéré comme un péché.

*– Est-ce mieux de faire l'amour quand on est amoureux ?*

– Mais il ne faut faire l'amour que quand on est amoureux !

*– Encore une question à laquelle tu n'as pas vraiment répondu. Est-ce que les hommes pensent plus à l'amour que les femmes ?*

– Sur la jouissance tout d'abord, je t'ai déjà raconté l'histoire de Tirésias. L'idéal, c'est quand la jouissance maximale, autrement dit l'orgasme, est atteinte en même temps par les deux partenaires. C'est loin d'être le cas chaque fois. L'important est de faire attention au plaisir de l'autre et de rechercher sa montée progressive. Il faut éviter que l'amour devienne égoïste, chacun vaquant à son désir, sans faire cas de celui de l'autre. Le zizi de l'homme, la chatte de la femme, quelle étrangeté ! Le pénis de l'homme, en particulier, qui semble échapper à son maître, grandit et grossit sous la seule force de son désir. Il fascine les femmes à la manière du serpent dont on raconte qu'il se dresse sur lui-même en ondulant et fascine sa proie de son regard avant de fondre sur elle. Et puisque tu es bonne latiniste, sache que fascination vient du latin *fascinus* qui se dit *phallos* en grec (le phallus, autre dénomination du pénis).

*– Tu es pédant, papa, réponds plutôt à ma question.*

– Quant à penser davantage à l'amour chez les garçons que chez les filles, je crois que ça dépend des moments et des individus. Je serais tenté toutefois de dire que les hommes « ne pensent qu'à ça » et que le pénis est le centre de gravité de leur âme charnelle.

*– J'ai une dernière question à te poser : elle concerne les maladies sexuellement transmissibles.*

– C'est d'abord, indépendamment de leur gravité, un véritable poison de l'amour qui lui coupe les ailes en faisant peser le soupçon d'infidélité. Celui qui a apporté l'infection ne peut que l'avoir attrapée ailleurs. Ces maladies sont aussi bien transmises par les femmes que par les hommes. La nature des germes responsables va des parasites comme les morpions pubiens et la gale jusqu'aux virus (l'herpès génital et les crêtes-de-coq dus au *Papillomavirus*), en passant par les champignons ou levures comme les *Candida albicans*, les microbes comme les trichomonas et ce sont avant tout les bactéries, parmi elles les *Chlamydiae*, les mycoplasmes et surtout l'*Haemophilus ducreyi*, responsable du chancre mou, qui font des ravages ; sans oublier la mère Vérole, la syphilis, aujourd'hui moins fréquente, mais résistante à la pénicilline. Écoulement purulent, plaques sur les muqueuses, boutons mal placés, douleurs vaginales, autant de bobos pour lesquels il faut absolument voir le médecin. Mais la maladie la plus menaçante, et la plus difficile à soigner, reste bien sûr le sida. Les maladies sexuellement transmissibles frappent aussi bien les pauvres que les riches. Ce n'est pas parce qu'un garçon est bien élevé qu'il ne te fera pas cadeau d'un microbe qu'il faut soigner à temps pour éviter notamment les risques de stérilité, de cancer. On vaccine maintenant les jeunes filles contre le papillomavirus pour prévenir la survenue ultérieure de cancer du col de l'utérus. Si jamais il t'arrivait de faire l'amour avec un garçon que tu ne connais pas bien, exige qu'il utilise des préservatifs qui diminuent, sans les supprimer totalement, les risques de contagion. Je n'ose pas te dire, car je crois que ce ne sera pas nécessaire, ne couche pas avec n'importe qui ! L'amour est joyeux, mais cela n'élimine pas le sérieux de cette entreprise vitale qu'est l'acte de faire l'amour. J'ai du regret que nous nous quittions sur cette question triviale que posent les maladies dites vénériennes en sinistre hommage à Vénus. Cette face noire de l'amour ne doit pas faire oublier que l'amour est une fête : aimer l'amour, ne retenir dans son âme que les bonheurs, et surtout n'avoir pas peur de l'amour sont finalement les seuls conseils qu'un père puisse donner à sa fille. Le miracle est bien que, malgré tous les dangers qui la menacent, la mécanique du sexe demeure la plus belle invention du vivant.

Tu quitteras bientôt le domaine de l'enfance. Il restera dans mon cœur les souvenirs de la merveilleuse petite fille que tu as été. Avec la pointe de jalousie qu'ont tous les pères lorsqu'ils voient leur fille devenir une femme belle et libre, je ne pourrai que veiller de loin et dans un attendrissement protecteur sur tes efforts pour t'échapper du cocon de l'enfance. Je serai auprès de toi aussi souvent que tu le voudras, même quand j'aurai disparu, car je suis maintenant un vieil homme, et tes bonheurs seront mes bonheurs jusqu'à la fin de mes jours. Je ne veux pas jeter une ombre de tristesse sur notre entretien, c'est au contraire une promesse d'immortalité que je trouve dans ton regard. Dès son installation sur la Terre, le vivant s'est défini par l'affrontement des contraires : croissance et reproduction d'un côté, destruction et mort de l'autre. La sexualité, avec son caractère universel, offre le troisième élément du trépied sur lequel s'appuie l'évolution des espèces : la vie, le sexe et la mort.

À tes amours, ma fille ! Ton père, qui t'aime depuis le premier jour de ta vie, quand il t'a serrée contre lui avant même que tu pousses ton premier cri.

# Table

# Du même auteur

Casanova : la contagion du plaisir. Divertissement
*Odile Jacob, 1990*

Celui qui parlait presque
*Odile Jacob, 1993*

La Chair et le Diable
*Odile Jacob, 1996*
*et coll. « Bibliothèque », 2010*

La vie est une fable
*Odile Jacob, 1998*

Pour une nouvelle physiologie du goût
(en collaboration avec Jean-Marie Amat)
*Odile Jacob, 2000*

La Dispute sur le vivant
(en collaboration avec Jacques Arnould)
*Desclée de Brouwer, 2000*

Qu'est-ce que l'Homme ?
(en collaboration avec Luc Ferry)
*Odile Jacob, 2001*
*et coll. « Bibliothèque », 2010*

Si j'avais défendu Ève, épouse Adam
*Plon, 2001*

Le cœur des autres
Une biologie de la compassion
*Plon, 2003* et *J'ai lu, 2005*

Désir et mélancolie
Les mémoires apocryphes de Thérèse Rousseau
*Odile Jacob, 2006*

La vie est-elle sacrée ?
(en collaboration avec Jacques Arnould)
*Salvator, 2009*

Biologie des passions
*Odile Jacob, 1999*
*et coll. « Bibliothèque », 2009*

Voyage extraordinaire au centre du cerveau
*Odile Jacob, 2007*

Élisée Reclus
Géographe, anarchiste, écologiste
*Robert Laffont, 2010*

## Le Seuil s'engage pour la protection de l'environnement

Ce livre a été imprimé chez un imprimeur labellisé Imprim'Vert, marque créée en partenariat avec l'Agence de l'Eau, l'ADEME (Agence de l'Environnement et de la Maîtrise de l'Énergie) et l'UNIC (Union Nationale de l'Imprimerie et de la Communication).
La marque Imprim'Vert apporte trois garanties essentielles :

- la suppression totale de l'utilisation de produits toxiques ;
- la sécurisation des stockages de produits et de déchets dangereux ;
- la collecte et le traitement des produits dangereux.

RÉALISATION : PAO ÉDITIONS DU SEUIL
IMPRESSION : NORMANDIE ROTO IMPRESSION S.A.S. À LONRAI
DÉPÔT LÉGAL : SEPTEMBRE 2010. N° 102166 (102852)
*Imprimé en France*